刘宝江————

————编著

人月少年的
页礼物

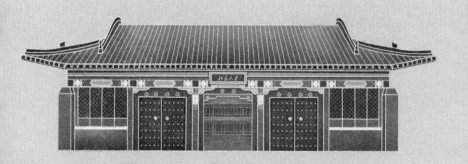

吉林文史出版社
JILIN WENSHI CHUBANSHE

图书在版编目（CIP）数据

北大给青少年的珍贵礼物／刘宝江编著. –– 长春：
吉林文史出版社，2021.2（2023.5重印）

ISBN 978-7-5472-7635-8

Ⅰ.①北… Ⅱ.①刘… Ⅲ.①成功心理－青少年读物
Ⅳ.①B848.4-49

中国版本图书馆CIP数据核字(2021)第037601号

北大给青少年的珍贵礼物

BEIDA GEI QINGSHAONIAN DE ZHENGUI LIWU

编 著 者	刘宝江
出 版 人	张　强
责任编辑	魏姚童
封面设计	李　荣
出版发行	吉林文史出版社有限责任公司
地　　址	长春市净月区福祉大路5788号出版大厦
印　　刷	艺通印刷（天津）有限公司
开　　本	880mm×1230mm　　1/32
印　　张	6
字　　数	120千
版　　次	2021年2月第1版
印　　次	2023年5月第3次印刷
书　　号	ISBN 978-7-5472-7635-8
定　　价	28.00元

前　言

北大，一个响亮的名字，一所建校 120 余年的著名学府，一座令无数中国学子翘首以盼，心向往之的思想殿堂。

从最初的京师大学堂，到现在的世界级名校，北大始终敞开怀抱，给了无数学术大家与教育名宿以舞台，如陈独秀、李大钊、蔡元培、胡适、鲁迅、刘半农、梁漱溟、辜鸿铭、刘师培、黄侃、杜威、罗素等，也培养、造就了一批又一批知名校友，如徐志摩、茅盾、朱自清、卞之琳、范文澜、顾颉刚、王选、于敏、屠呦呦、李彦宏、俞敏洪等。历尽风风雨雨，北大始终站在中国学术前沿，始终与祖国和人民同呼吸、共命运。

有幸考入北大的人自不必说，由于种种原因，与北大失之交臂者，也不等于从此无缘。北大之大，不在于招牌与名气，而在于神采与精神。北大的尖端学科很多人未必能听懂，很多时候也不必要，但以"兼容并包，思想自由"为核心的北大精神却人人需要，也人人都可以领会。

本书立足当代，立足青年人的学习、工作和生活，仔细梳理了季羡林、钱理群、张泉灵、周国平、任继愈、朱光潜、王强、徐小平、张益唐和近些年涌现出来的很多北大学霸，以及千千万万北大人的成功轨迹与智慧感悟，结合青年们最为本质的需求，为大家奉上一桌哲学盛宴，从格局到性情，从态度到行动，从梦想到现实，从时间到能量，全方位重塑一个人，提升一个人。

无须讳言，本书也包含了我本人，一个大叔级别的、与北大无缘也有缘的老男孩，传奇复杂的过往及纷繁微妙的心得，相信我的痛点正是你的痛点，也相信我的昨天不会是你的明天，更相信我只是抛砖引玉，每位读者在读完此书后都会产生自己的独特生命体验，从而在今后的日子里，智勇兼备，从容向前。

目　录

第一份礼物：独立自由

1. 在喧闹的人间，做最好的自己

近日，湖南留守女生钟芳蓉以文科 676 分的成绩报考北京大学考古专业一事，引发了广泛关注。她的志向也获得了考古界"大佬"们的力挺，敦煌研究院名誉院长樊锦诗给钟芳蓉送去口述自传《我心归处是敦煌：樊锦诗自述》，并写信鼓励她"不忘初心，坚守自己的理想"。山西省考古研究院、湖南省文物考古研究所、天津市文化遗产保护中心等单位，也纷纷送上独具意义的礼物。不少网友戏称，这个被全国考古界宠起来的小女孩，有一种考古圈晚来得女的感觉。

为什么这么说呢？因为考古是一个非常冷门的专业，不仅"手持一把小铁铲，面朝黄土背朝天"，还可能找不到工作……钟芳蓉却表示，因为是北大的考古系，未来就业的话基本生活应该能保障。更何况她个人非常喜欢，"喜欢就够了呀！"

的确。套用一句老话，"不是一校人，不进一校门"，钟芳蓉表现出来的，正是人们熟知的北大精神——独立自由，追随本心。

在北大工作、生活了半个多世纪的季羡林老先生，就是这样一位典范。他精通 12 国语言，曾留学德国，二战刚刚结束，他就辗转取道，回到阔别 10 年的祖国怀抱。同年，经陈寅恪推荐，被聘为北京大学教授，创建东方语文系。新中国成立后，继续担任北大东方语文系教授兼系主任，多次以中国文化使者的身份出访印度、缅甸、民主德国、苏联、伊拉克、埃及、叙利亚等国家。后来，温家宝同志曾五次看望他，称"您一生坎坷，敢说真话，直抒己见，这是值得人们学习的""您写的几本书，不仅是个人一生的写照，也是近百年来中国知识分子历程的反映。……您在最困难的时候，包括在'牛棚'挨整的时候，也没有丢掉自己的信仰"，等等。

这其实也是我们中华民族历代先贤一以贯之的高贵品格。

讲一个小故事：

元朝初年，战乱频仍，人祸不断。某年夏天，一个叫许衡的人，与难民一起南逃。经过河阳（今河南省孟州市）时，因长途跋涉，加之天气炎热，大伙儿都感到饥渴难耐。这时，突然有人发现道边有一棵大梨树，树上结满了清甜的梨子，大家不管三七二十一，争先恐后地爬上树去摘梨解渴，唯独许衡，端坐树下不为所动。

人们都觉得他很奇怪，便啃着梨子问他："你怎么不摘个梨解解渴？"许衡说："不是自己的梨，岂能乱摘！"对方笑着说："时局这么乱，人们各自逃难，这棵树早就没有主人了。既然梨树没了主人，吃个梨又有何妨？"许衡说："梨树没有了主人，难道我们的心也没有主人吗？"任凭别人怎么说，他始终不肯摘梨。

一个逃难的人，因为口渴吃了一个无主的梨子，在大多数人看来，这是人之常情，不值得苛责。但套用一句诗歌："你碰，还是不碰，素养就在那里。"为什么钟芳蓉报考北大考古系会引发关注？还不是因为当下有太多人价值观错位，内心沉渣泛起，守不住自己，又不知道去哪里嘛！

其实这也不仅仅是当代人的问题，古今中外，没钱都令人痛苦，对一个年轻的心来说更是如此。钟芳蓉也并非完全不考虑这些，但她说，"因为是北大的考古系，未来就业的话基本生活应该能保障"，务实而又淡定，对一个青年来说，殊为可贵。

很多人都听说过"杨朱泣歧"的典故：有一天，有人发现哲学家杨朱坐在一个十字路口哭泣，很是诧异，便问他为什么。杨朱说："这不是一个简单的十字路口啊，这分明是人生的歧路，是现在哪怕踏错半步到将来觉察时也会追悔莫及的地方啊！"的确，"一步踏错终身错"，歧路或许就是错路，就是绝路。

孔子说"从心所欲不逾矩"，老子也讲"胜人者有力，自胜者强"，只有过来人才知道，真正的强大是内心的强大，内心的充实才能让人真正满足。所有逐利者都将被利益驱逐。

"风动幡动，仁者心动。"不要指望横流的物欲有片刻止息，人心浮躁是商品社会的必然。祸都是自己惹的。在喧闹的人间，做最好的自己，这是获取完全意义上的幸福的基本前提。

2. 一人独行走得快，与人同行走得远

曾经看到过这样一个小故事：

很久以前，有一对兄弟出远门，每人带着一个大行李箱。一路上，重重的行李箱将兄弟俩压得喘不过气来。他们左手累了换右手，右手累了又换左手，最后身心俱疲。在经过一片树林时，哥哥灵机一动，折下一根树枝当扁担，将两个行李箱拴在两头，然后俩人换着挑担前行，都觉得轻松了很多。

为什么一个人挑两个行李箱，反倒比一个人提一个行李箱还轻松呢？这是因为扁担的存在，让箱子的压力从手臂移到了承重力更大的肩膀上。而且兄弟二人换着挑担，让二人都可以得到充分的休息。人生就是这样，在我们的人生路上，一人独行确实走得快些，但只有学会与人同行，才能走得远。

在北大，有一对知名的孪生兄弟，也就是有着"北大最帅双胞胎"之称的苑子文、苑子豪兄弟。他们从小一起成长，一起上学，一起玩耍，一起经历过学习上的挫败，又一起不懈努力，最终于 2012 年

双双考入北京大学。后来，他们将自己的励志故事写成了畅销书《愿我的世界总有你二分之一》，备受欢迎。这里仅举一例：

从高中开始，两兄弟就在成绩上暗中较上了劲。时而哥哥超过弟弟，时而弟弟又反超了哥哥。为了更胜一筹，他们经常在对方睡着之后爬起来读书。有一次，两个人都在假装睡觉，自以为对方睡着了，于是爬起来看书，没想到撞了个正着！

如果自己也有一个这样的孪生兄弟或姐妹，一起携手，彼此陪伴，实在是人生之幸。但抛开这样的运气并非人人都有不说，即使是双胞胎，也不一定能考入同一所大学。我们要从中看到的是合作意识与团队意识。

学习上，或许我们可以孤军深入，但将来走上社会，我们绝不能做独行侠。现在早就不是单枪匹马闯天下的年代了，为了变得更加优秀，我们必须学会与优秀者同行。

与谁同行，在很大程度上决定着我们的未来。且不说什么大道理，先举个简单的例子：有的人走路快，有的人走路慢，你和走路快的人在一起，会不由自主地加快速度，以免被落得太远；反过来说，与走路慢的人在一起，你也会在不知不觉中降低速度。

"近朱者赤，近墨者黑"，这是世人皆知的道理。俗话也说："跟着勤快的没懒的。"与优秀者同行真的很重要。与智者同行，你能少走弯路，避开陷阱。与高人为伍，你能不同凡响，早登巅峰。

"蛋糕大王"林海涛曾先后六次创业失败，他在总结自己的创业经验时谈到，在第七次创业时，他花重金聘请来制作名贵糕点的大师傅，然后从家乡找来一些亲戚帮忙，一是降低人工成本，二是顺便培养他们，以便将来发展壮大了，有自己的亲信团队。理想丰满，但现实骨感，不久他就发现，培养这些亲戚的代价远比雇他们节省下来的工资要多出很多，而且这些人还劣币驱逐良币，仗着亲戚关系，想方设法挤对人。幸好他发现得及时，才不至于第七次创业失败。

我们未必都去创业、做企业、当领导，但不管我们做什么，都要受身边环境的影响。而所谓身边环境，就是一个个的人。我们总要与人同行，不是优秀者，就是普通人。普通人不一定不好，也不是全是小人与坏人，只是普通人都在按照普通人的脚步前进。北大的学子也好，其他高校的骄子们也好，他们已经站上了新的台阶，跨上了人生的快车道，怎么可能慢下来？也只有与优秀者同行，互相学习，彼此帮助，才能不断提升彼此。很多优秀的人，都是自然而然地走到一起的。

当然，"与人同行"这四个字的内涵，也不仅限于与优秀者同行。我们一开始就说过，真正优秀的人，本人优秀只是其一，更重要的是有合作意识与团队精神。当你还处在学生时代，你可能无法完全领会与人合作以及拥有一个强大的团队的重要性，只有在进入职场之后，甚至是吃过亏之后，才能深深体会到这一点。

毫无疑问，学生阶段是培养团队精神的黄金时期。然而，世界上最欢迎个人英雄主义者的地方，恰恰就是学校。在学校里，不管你是学霸，还是学渣，基本上都是彻底的单兵作战，没有任何人能从本质上帮助你，也没有任何人能够拖你的后腿。所以，很多职场新人都被领导批评为"学生气"与"没有团队精神"。

如何培养？其实很简单，北大也好，各大高校也好，都有各种各样的社团，参与其中，并尽量多做一些事情，负责一些项目的推进，如果能成为相应社团的灵魂人物就再好不过。相关研究也表明，很多人之所以能在较短时间内走上中层管理的岗位，就是因为他们刚开始时也是底层员工，但常常是工作流的推动者，愿意张罗事情，并且擅于从整体视角看待个人工作，而不是从个人工作的视角看待团队合作。他们关注的是结果，而不仅仅是工作职责；他们喜欢沟通，敢于承担责任与风险，而不是听任问题的发展。

第二份礼物：胸怀天下

1. 不做绝对的、精致的利己主义者

"绝对的、精致的利己主义者"出自北大教授、博士生导师钱理群先生的一篇演讲稿，通常会被简写为"精致的利己主义者"。

怎么理解这句话呢？钱先生解释说：

"……新生未入学，家长和学生就忙成一团，通过一切途径，找各种关系以求打点、照应。据说很多大学生，还没上大学，就开始打听，大学英语课，是某某老师教的？哪个给分数高？团委和学生会哪一个比较有前途？评奖学金是不是只看成绩，还要在学生会混得很好？还没进学校就开始打听这些消息。据说有一个没有正式报到的新生，把学校里主要领导、团委书记、班主任都摸得清清楚楚。这真让我目瞪口呆。公关思维、搞关系思维，已经渗透到大学一年级学生中，这是不能不引起警戒的。

因为背后隐藏着一个更加严重的问题。这个问题和我们北大是有关系的，人们经常说北大是全国的尖子的集中地，北大要培养尖子，要培养精英。我自己并不一味地反对精英，但是就我个人来说，我更重视非精英，更重视普通的学生。正像鲁迅所说，可能有天才，但是没有泥土就没有天才；而且，'天才大半是天赋的；独有这培养天才的泥土，似乎大家都可以做'。但是像北大这样的学校，培养精英是无可厚非的。我们现在需要讨论的是，我们要培养什么样的精英，或者我们每个同学要把自己培养成为什么样的尖子？这个问题是更加重大，也是更加严峻的。

我现在恰好对这些尖子学生非常担心——当然不是全体——但是相当一部分尖子学生，也包括北大的尖子，让我感到忧虑。在我

看来，真正的精英应该有独立自由创造精神，也是上次我在北大中文系演讲时所提出的，要有自我的承担，要有对自己职业的承担，要有对国家、民族、社会、人类的承担。这是我所理解和期待的精英。但是我觉得我们现在的教育，特别是我刚才说的，实用主义、实利主义、虚无主义的教育，正在培养出一批我所概括的'绝对的、精致的利己主义者'，所谓'绝对'，是指一己利益成为他们言行的唯一的绝对的直接驱动力，为他人做事，全部是一种投资。所谓'精致'指什么呢？他们有很高的智商，很高的教养，所做的一切都合理合法无可挑剔，他们惊人的世故、老到、老成，故意做出忠诚姿态，很懂得配合、表演，很懂得利用体制的力量来达成自己的目的。

坦白地说，我接触了很多这样的学生，甚至觉得这都成了一种新的社会典型，是可以作为一种文学的典型来加以概括的。下面就是我的文学概括，并不具体指某一个人。比如说吧，一天我去上课，看到一个学生坐在第一排，他对我点头微笑，很有礼貌，然后我开始讲课。在一个老师讲课的时候，他对教学效果是有一些期待的，讲到哪里学生会有什么样的反应，等等。因此，我很快就注意到，这个学生总能够及时地做出反应，点头、微笑，等等，就是说他听懂我的课了，我很高兴，我就注意到这个学生了。下课后他就迫不及待地跑到我的面前来，说：'钱老师，今天的课讲得真好啊！'对这样的话，我是有警惕的，我也遇到很多人对我的课大加赞扬，但我总是有些怀疑，他是否真懂了，不过是吹捧而已。但是，这个学生不同，他把我讲得好在哪里，说得头头是道，讲得全在点子上，说明他都听懂了，自然也就放心，不再警惕了。而且老实说，老师讲的东西被学生听懂了，这是多大的快乐！于是我对这个学生有了一个好感。如此一次、两次、三次，我对他的好感与日俱增。到第四次，他来了：'钱先生，我要到美国去留学 (课程)，请你给我写推荐书。'你说我怎么办？欣然同意！但是，写完之后，这个学生不见了，再也不出现了。于是我就明白了，他以前那些点头微笑等，全是投资！这就是鲁迅说的'精神的资本家'，投资收获了我的推荐信，然后就'拜拜'了，因为你对他已经没用了。这是一个绝对的利己主义者，他的一切行为，都从利益出发，而且是精心设计，但是他是高智商、高水平，他所做的一切都合理合法，我能批评他吗？我能发脾气吗？我发脾气显得我小气，一个学生请你帮忙有什么不可以？这个学生有这个水平啊。但是，我确实有上当受骗之感，我有苦难言。这就是今天的北大培养出来的一部分尖子学生。问题是，这样的学生，这样的'人才'，是我们的体制所欢迎的，因为他很能迎合体制的需要，而且他是高效率、高智商，可怕就在这里。那些笨拙的、只会吹牛拍马的人其实体制并不需要，对不对？就这种精致的、高水平的利己主义者，体制才需要。这样的人，正在被我们培养成接班人。我觉得这是最大的、我最担心的问题。我讲这番话的意思，也不是要责备他们，这也不是这些学生本身的问题，是我们的实用主义、实利主义、虚无主义的教育所培养出来的，这是我们弊端重重的中小学教育、大学教育结出的恶果，这是'罂粟花'，美丽而有毒，不能不引起警觉。

我今天讲这番话是希望在座的同学，你们应引以为戒，并且认真思考，自己究竟要追求什么，要把自己塑造成什么样的人才？不要只注意提高自己的智力水平，而忽略了人格的塑造。这样的绝对的、精致的利己主义者，他们的问题的要害，就在于没有信仰，没有超越一己私利的大关怀，大悲悯，责任感和承担意识，就必然将个人的私欲作为唯一的追求与目标。这些人自以为很聪明，却恰恰'聪明反被聪明误'，从个人来说，其实是将自己套在'名缰利索'之中，是自我的庸俗化。而这样的人，一旦掌握了权力，其对国家、民族的损害，是大大超过那些昏官的。"

无独有偶，著名学者李敖在北大演讲时也谈到过相关问题∶"今天，你们进到了北大，将来你们会长大，长大以后，老问题就出现了∶你要不要做自了汉？别人都不管，只管我自己？自了汉是什么标准？有点儿钱，读了博士，在外国住下去，管我自己的生活，这叫自了汉。我告诉各位，这个观念是错的。"

网上还有这样一篇报道∶有一对老夫妇，膝下仅有一女，老两口辛辛苦苦将姑娘送到美国留学，本指望姑娘学成后报效祖国，也为他们养老送终。谁知姑娘出国没多久，就投入了外国男友的怀抱，怎么劝也不顶用。气得老两口逢人便说∶"合着我们这辈子啥都没干，就给外国人培养了个儿媳妇！"

另一个给外国人培养儿媳妇的故事更加发人深省∶一位退休老领导的女儿，在父亲的极力反对下，加入了外国国籍，并嫁给了外国人。一开始，父亲非常愤慨，是女儿的一句话，最终让他接受了女儿的做法。这句话是∶"爸爸，您将来再不用为您的外孙在国内上幼儿园、小学、中学求人了。"这种"中国式求人"，我们应该都不陌生。但这背后隐藏的究竟是无奈，还是别的什么？我们可以想象，故事中的老领导，不求人，他的外孙难道就上不了幼儿园？上不了小学和中学？我想不至于。能让人为之孜孜以求的，至少恐怕也得是个市重点。这位，究竟是"中国式求人"的受害者，还是受益人？也正是因为社会上这类说不清道不明的受益人太多，才会导致我们的生活不能彻底光明起来。

当然，梁启超先生说过∶"冬天晒太阳是很舒服的一件事，但你自己得先站到太阳底下。"你光明，世界就不黑暗。在新的时代，我们开眼看世界，要看得更全面，要看得更通达。这个世界，永远都需要阳光，永远都需要烛火，永远都需要把自己照亮，也把世界点亮的人。

2. 格局决定布局，布局决定结局

什么叫格局？

有一次，一个青年这样问我，并让我推荐一本相关书籍。

我马上告诉他，有一本非畅销书叫《先有大格局，后有大事业》，作者张鹏对格局的见解非常棒。同时我开玩笑说，我作为一个作家，向你推荐别的作家的书，这就叫格局。

让我们引用一些该书中的精彩文字：

什么是"格局"？

在一部电影中，原始部落的长辈对即将成为部落领袖的年轻人说："一个好人，会围起保护圈，照顾里面的人，包括他的女人和小孩；有的人，围起更大的圈子，照顾他的兄弟姐妹；但是有些人，有更大的使命感，他们必须在身边画个大圆圈，把很多很多人的利益都放在里面。"这，或许就是"格局"最核心的利益吧。

如果要给"格局"下一个定义，不妨用一句很通俗的话来描述，就是"个人所关注的利益圈大小"。

……

真正看懂、看清格局，需要先对"格局"这两个字做一番剖析推敲。

……

我们能列举出一大堆与"格局"有关的词或短语，比如"局限性""人格""品格""格物致知"等。

我们经常讲"局限性"，其中带有"局"字，我认为它就是"格局"的"局"——由于"格局"不够大，所以有"局限性"。

我们也经常说某些人具有"人格魅力"，其中的"格"也可能与"格局"有关——因为这些人的"格局"很大，所以具有"人格魅力"。

我们还经常说应该追求某种"精神品格"，其中的"格"，也和"格局"有关——"精神品格"越高的，格局相对越大；反过来也一样，"格局"越大的，"精神品格"往往就越高。

……

现在人们的格局不够大，各人自扫门前雪，哪管他人瓦上霜，所以，才出现了一系列问题——人类社会一直在发展和进步着，但在精神意识方面，很多人的格局观依然停留在古代。

在古代，人们过的是男耕女织的生活，男人种田，女人织布，家里吃的、穿的统统自行解决。如果说古代人可以相当于"一个人"的话，当代人只能算是"一条胳膊""一条腿"，甚至"一个手指头"。

……当代的每个社会成员如果想保持自己作为"人"的完整性，就不得不把格局扩展到更多人。

大格局有着显而易见的好处，保险业就是一个典型的例证。"保险"的理念是用更多人的力量共同来抵御风险，前提是每个人都要付出一些小小的代价，但换来的是一份"保险"。尽管付出这笔保险费多少让人有点舍不得，但是越来越多的人会选择交纳这笔费用，我们已无法想象退回到没有保险业的时代。

这是社会向更高级的文明发展之后，对个人格局的倒逼——只可惜，很多人还没有充分意识到这一点，由此才出现了一系列被人们称为"道德滑坡"的事件。

其实人在本性中是或多或少都有大格局意识的：绝大多数人，其格局通常都不仅仅是自己，而是以家庭为基本单元，自然而然地会考虑到父母、子女、妻子或丈夫——但是，这还不能算严格意义上的大格局，至少与当今时代的需求尚有差距。

把格局再放大一些，明白我们每个人和身边的人其实是相依相存的，有着共同的利益和前景，我们的生活或许会随着格局一起豁然开朗。

但还是有很多聪明人，在听到"格局"一词时，马上想到房子，想到三室两厅的格局，或者两室两厅的布局。我们只能说，格局也分段位，不在一个段位上，并不是完全没法交流，但需要很大的沟通成本。

梅贻琦先生说过，"所谓大学者，非谓有大楼之谓也，有大师之谓也"；我们不妨补充一句，"所谓大师者，非谓有大名之谓也，有大格局之谓也"。现代人也说，欲成大器，先修大气。大气也好，格局也罢，这种"东西"看似是一个人的事情，实际上是一群人的事业。"事业"也是个大词，它不是一个人能够完成的，尽管人们总是说某某事业很大，很成功，其实他的事业是他本人以及围绕着他的无数人一起努力促成的。

北大历史教授柯伟林也说过："人生犹如棋局，要学习的不是技巧，而是布局；格局大了，未来的路才能宽。"普通人迫于生活，囿于眼界，可能会觉得钱这玩意儿最实在、最有用、最能提供安全感。然而实际上，人世间除了人之外，都是附属品。只要能吸引、聚拢足够的人，发挥团队与集体的力量，一切都有。当然，吸引人、聚拢人也有个质与量的问题，也就是人才的价值。人才闪展腾挪，寻找的就是有格局的老板。附属于人的钱也是如此，资本流通世界，寻找的就是赚钱的地方。就看你有没有格局，能不能吸引人，留住资本。

普通人也往往更注重技术之类切切实实、近在眼前的东西，这没什么不好，但很多时候，我们要学着关心一些不太具体的东西，因为它能给我们一个很大的格局。总关注眼前的，实用的，人的格局就会越来越小，就走不出自己的那个泥沼。哪怕走得很通畅，也不过是一个在透明的屋子里徘徊，一眼就看到头了。要把自己的格局、外延打造得更大、再大些，这样你就和无数人结成了命运共存体，就会有宏大的气场。有那么多人支撑着你，想不成功也难。

接下来我们再来谈谈为人父母的格局。非常巧，我有位朋友恰好是北大毕业，但是不得不说，一度，他连带着北大在我心目中都打了折扣。因为我们有一位共同的朋友，这位朋友虽非名校毕业，但在教育孩子方面却令人折服。姑且称他们为 A 与 B 吧，俩人的女儿在一个班，有一次，两个孩子很争气，都考了高分。回到家，A 马上高兴地承诺，要带着孩子去旅游；B 却表现得淡淡的。不久，两个人的女儿又不同程度地考砸了，B 一不发火，二没责罚，反倒给女儿买了不少科普丛书。A 很不解，考成那样，还看什么科普丛书？就算不发火，也得抓紧时间温习功课啊！

恰如我这位朋友所说，给孩子买书，是因为可以增长见识，和她考坏考好没有关系。孩子的成长不可能总是一帆风顺，会有高潮，也会有低谷。大格局的父母，懂得牢牢抓住孩子的成长主线，而不是唯分数论。

一个大格局的孩子，也必然会表现出不俗的气度与风采。比如《中国诗词大会》第四季的冠军得主北大博士生陈更，在此之前，她已连续四年出现在诗词大会百人团里了。你说她屡败屡战也好，屡战屡败也罢，总之她一如既往地穿着自己喜欢的民国女学生服饰，人淡如菊，一次次风姿绰约地站在那里，最后站成了她与梦想互不辜负的样子。用她的话说，就是"我只是在做我喜欢的事情，不太关注输赢，但也不能丢人。诗词大会在进步，我也要进步，和诗词大会一起成长"。

什么叫格局？这就叫格局。格局就是俗话说的，下一盘很大的棋，把目光放远，不争一时，谋万世。格局也像流水，流水不争先，却能够滔滔不绝。

第三份礼物：舍我其谁

1. 成功属于竭尽全力的人

多年前，在美国西雅图一所教堂里，一位德高望重的牧师——戴尔·泰勒，向一群孩子郑重其事地承诺：谁要是能背出《圣经·马太福音》中第五章到第七章的全部内容，他就邀请这个人去西雅图的"太空针"高塔餐厅参加免费聚餐会。世上没有免费的午餐，《圣经·马太福音》第五章到第七章的内容多达几万字，而且不押韵，全部背下来相当于痴人说梦。所以，许多孩子尽管都想去参加免费聚餐会，但很多人只是简单试了一下，就望而却步了。还有一些孩子，干脆试也没试。唯有一个11岁的男孩，在几天后，就胸有成竹地站在泰勒牧师面前，从头到尾，按要求全部背了出来，一字不漏，一字不差，而且到了最后，还声情并茂，如同朗诵。

泰勒牧师深知，就算是久经训练的成年人，也很难做到这一点，何况一个孩子？泰勒牧师在赞叹的同时，好奇地问："孩子，告诉我，你为什么能背下这么长的文字？"男孩不假思索地回答说："我竭尽全力。"

16年后，这个男孩成了一家世界著名软件公司的老板，他就是比尔·盖茨。

这个故事要告诉我们的，不是每个人都能成为首富，而是每个人都有极大的潜能。什么叫竭尽全力？比尔·盖茨打过一个比方："人生就像一场大火，我们每个人唯一可以做的，就是从这场大火中多抢救一些东西出来。"心理学家也指出，一般人的潜能只开发了5%左右，像爱因斯坦那样伟大的科学家，也只开发了12%。一个人如果能开发其50%的学习潜能，就可以背诵400本教科书，学完十几所大学的课程，还可以掌握20种语言。反过来说，我们还有至少90%的潜能处在沉睡状态。想出类拔萃、创造奇迹，仅仅是尽力、努力还远远不够，必须竭尽全力，调动潜能才行。

孟子曾经说过一句话，"当今之世，舍我其谁也？"孟子说这话的时候已经是个70多岁的老人了，可是很多年轻人，血气方刚，却没有这份豪情。或者说，豪情大家也都曾经有过，只是尝到了些许挫折之后，大家的豪情也便夭折了。很多人也不是没有努力过，一度也曾经竭尽全力过，但终究是三分钟热度，烧不开一壶热水，更不必谈什么点燃梦想。

我们来看看北大走出来的著名企业家、教育家俞敏洪的故事：

俞敏洪坦言，从小学到大学，他从未考进过全班前20名。但是他最后考上了北大，过程一波三折。很多人知道，俞敏洪是新东方创始人，英语应该是他的强项，事实却是，他曾经参加过三次高考，每一次拖后腿的，都是英语。第一次高考，他的英语只考了33分。在复读班，由于英语基础差，他从未得到过老师的赞扬和鼓励。第二次高考，他的英语成绩提高了些，也只考到55分，总分依然落榜。在一片质疑声中，俞敏洪坚持"再读一个高三"。当年暑假，俞敏洪报了一个英语补习班。有了前两年的积累，加上最后一年的拼命用功，"高五生"俞敏洪的英语得了90分，总分过线，最终被北大录取。但在大学时，他从未进入过全班前40名，没办法，同学们都太优秀了。不过他没有因此放弃自己，他选择了一个最笨的办法，那就是背，反复地背。一天背不下来，就花一周的时间，天天背，到最后居然可以用英语说脱口秀了。

现在，俞敏洪早已成了著名的励志担当，他用自己的亲身经历和无数金句，完美地诠释了成功属于竭尽全力的人，也属于坚持不懈的人。

这个道理其实也没有多么高深，相信任何一个初中生都懂，只是大家都不能把它落实到行动上。人们只想要舍我其谁的成功，舍我其谁的 C 位，不具备舍我其谁的精神，拿不出舍我其谁的勇气，做不到舍我其谁的担当。混到毕业，才不得不为一份工作，费尽口舌推销自己，千方百计想告诉 HR：我是人才，我就是你们要找的千里马。钱少？没问题。加班？也没问题。试用期薪酬减半？还是没问题。这么便宜，舍我其谁？

我们再来看一个不知名的北大校友的故事，权当我们这一小节的结尾：

我的大学一二年级是在东北一个很小的城市读的，那里教育资源不发达，想买书全靠当当、卓越全国调货。我在这里上大二的某天，一拍脑袋，想起了托业考试。当时托业刚进中国不久，考过的人非常少，资料奇缺，别说在东北的这个小城市，就是在首都北京，都很难找到朗文集团之外的第二套书。我是 9 月下旬决定要报考的，远在北京的舅妈及其热心的同事帮我报了名，而我在寒冷的东北小城的图书馆的底层，找到了一套珍贵的朗文集团的托业辅导书。我非常激动，借阅了全套的书回宿舍，开始研读。考过的人都知道，托业 50% 的分数在听力上，有 100 分钟的听力考试时间，考惯了 20 分钟四六级的我们很容易半路"死"于录音机的喇叭。而且，图书馆没有磁带，没有 CD，只有干干净净的书。

这时我做出另一个决定：利用国庆时间，到北京上新东方的托业课，顺便买全套的磁带。又是一通报名，我还成功拐带了一个同学，和我一同进京上课，租了一个小民房，买了两大塑料袋的方便面，开始了我的托业生涯。每天下午 3 点进教室开始上课，100 道听力题能错 60 道，错得我一点儿信心都没有了。晚上 9 点半下课，天狼星都能看见了，坐着公交车回到房间，煮面、吃面、聊天、睡觉。这样的日子过了整整七天，期间和大家一起买书、买磁带，认真把老师提到的资料都记下来，一本本去找。很贵的就和同学合买，网上能找到的就尽量上网看，能刻盘的就找人刻光盘。这七天，我的自信心严重受挫，老师说错30个听力题的可以回家再学学再来，我估计我是那个压根就不用再来的。我不知道我收获了什么，我丈量不出个数字，但我还真挺委屈的，我尽力了，真的。

回到东北，我制订了近乎苛刻的学习计划，每天5点起床到顶层自习室学习，晚上学到12点再回来睡觉。这期间，我莫名认识了一位学校的外教，他老人家毕业于悉尼大学，人很好，很善良，他说自习室太冷了，给我办了外教阅览室的卡，每天可以随时出入外教区。我们相约每天早晨一起跑步，一起吃饭，然后回来学习，他学汉语，我学英文，互相辅导。我承认我有点儿狭隘的民族主义，他也有，于是我们就比谁起得早，最终我们变成4:30分起床，4:45分阅览室见。有好几次我戴着耳机听那倒霉的100分钟听力，看到他困得睡在旁边的沙发上。哈哈，我那狭隘的民族主义获得了阶段性胜利。那时候我没有笔记本，宿舍也没有电视，唯一的电视房里同学们也在看《快乐大本营》。于是每个周末晚上我都去外教那里看美国原声电影，其实那些电影他看了很多次了，只是陪我看，所以我每次看到他困得一塌糊涂的状态，便格外抱歉。

在这个过程中，我还认识了一个北京的哥哥，他帮我刻了一些北京考生都用的听力CD，还买了一些书寄给我，不断鼓励我，安慰我，说12月我们一起上考场，一定要加油，考完试会带我去吃北京小吃。我便笃定地相信他，相信这个帮我很多忙的大哥哥，一定是个大帅哥。（我花痴啊……）

临近12月的时候，我意外地发现老师给我报了六级考试，而我忘得一干二净。我吓了一跳！我完全没有复习六级，都耗在托业上了。两个考试的单词范围是完全不同的两个领域。我慌得手足无措，老师给的压力又很大很大。12月20日的托业考试悄悄到来，我只能先进京在北大考点考试，从入场到听力到笔试到出考场，我考得没什么感觉，毕竟已经练了很久了，就算破罐子破摔吧，也只能这样了。出了考场，我没有找到那个大哥哥，我只收到了一条短信："其实我没有考12月的考试，我怕你失望，一直没有告诉你真相。我只是一直在陪着你考，你考完了，我就放心了。"我很郁闷地坐在北京的地铁上，不知道什么感觉。

12月25日，六级考试，也就是我从北京返回东北之后的几天，老天在这个时候帮忙了：六级听力顺顺当当满分，作文满分，裸考总分超过600。虽然不高，但对于单词都没背的我来讲，知足了。接下来是紧张的期末考试，压抑的考试折磨了我整整10天之后，我以为自己把重心放在英语上会导致至少挂掉一科，神奇的是，我还是很稳当地通过了考试。此时托业成绩也下来了，我拿到了很高的让我意外的分数。进入下学期，我又意外地争取到了去北大交流学习的机会，于是我来到了北大，开始了新的生活。而此时那个帅帅的大哥哥也出现了，他知道我独自来北京上学，没有学校宿舍，没有人身保障，日子会很难，于是给了我一张银行卡，他每个月会往里面打300元钱，算作资助我在北京的生活费。直到今天，那张卡还在我手里，密码是他的生日。我一直觉得我现在愿意帮助别人的心理，很多源自他当年的无私帮助，让我看到了一枚温暖的太阳，帮助他人原来可以惠及久远的感恩与传承。

现在每次逛书店，看到成堆的托业资料，便会不由自主地想起2005年的那个冬天。那个冬天我没有抱怨过任何事情，不管是书没有还是资料不够，抑或是长途奔波的辛劳。那一年，我似乎也没想到过抱怨什么，只是在一直竭尽全力地去争取我能争取到的一切，然后"破罐子破摔"，听候老天发落。所有美好的抑或感恩的结局都是我没有想到的，却都那么安安静静、不慌不忙地来到了我身边，成为我生命中不可磨灭的一段故事。

今天，外教已经与中国女友结婚，有了美丽可爱的混血宝宝，帅帅的大哥哥在今年也步入了婚姻的殿堂。我们曾在几十年的生命中的某一个冬天相遇，给予对方温暖和帮助，然后分开，各归各位。我不知道是不是老天看见我太辛苦，派他们来帮助我，但我知道，他们都是我意外的收获，意外到好像是老天在主持公道。

当我开始工作得顺利并且稍有经验的时候，也免不了有急躁和抱怨的日子，只是在这种日子刚开始的时候，我总能回想起那个冬天。当我知道我也有过竭尽全力的日子，有过不抱怨、不悔恨的日子，有过为了一个目标横冲直撞的日子，我就能一笑释然。

我想把我的故事分享给每一个人，并把它提炼成下面的话：

世界是一个不公平的地方，我们每天的小抱怨只能像自来水管没拧紧一样滴答滴答地流出来，除了影响自己的心情，不会有任何作用。面对这种不公平，我们首先要学会的是隐忍，然后积蓄能量。当你为一件事情竭尽全力之后，才能像火山一样巅峰袭来、喷涌而出，剩下的我们就不用管了，老天会安排好剩下的一切。他会告诉全世界，你的力量有多么强大！

2. 当仁不让，有些事情没必要低调

"当仁不让"一词，出自《论语·卫灵公》，原文是——子曰："当仁，不让于师。"翻译成白话文，就是说遇到可以实践仁道的机会，就算对方是你的老师也不必谦让。之所以这么强调，是因为以孔子为代表的儒家特别重视师生关系的和谐，强调师道尊严，通常情况下，学生都不可违背老师。所谓"一日为师，终身为父"，如果说父母孕育了人的肉体，那么老师就培育了人的心灵。这个"师"，不仅仅是传授文化知识的教师，也指心灵根源的精神导师。但这是在一

般情况下。在仁德面前，即使是老师，也不必同他谦让。这是把仁德摆在了第一位，仁是儒家衡量一切是非善恶的最高准则。

"吾爱吾师，吾更爱真理。"亚里士多德的名言与孔子的格言，殊途同归。它们为所有行仁道、为壮举、力求上进的人鼓足了勇气。在追求真理的征程中，我们没必要过分低调，不卑不亢就好。

毫无疑问，北大的学子们都很优秀。可如果有人整天顶着这份优秀招摇过市，炫耀无度，肯定也会给这份优秀蒙上阴影。反过来说，现在是互联网时代，如果把我们每个人比喻为一个网站，让网友们了解我们这个网站也是很有必要的，只要我们不过度营销，恶意炒作，没有什么不可以。

无须讳言，北大自身就在各种场合运用着这种知名度。如果北大知名度太低，万千学子们也就不会对它那么感兴趣了。这是人之常情。同样的道理，我们每个人所拥有的能力都是不同的，如果你有能力而不去运用，或者不会运用，不能发挥，那和没有能力又有什么区别呢？所以，该低调的时候，我们必须得低调。可以高调的时候，我们大可以当仁不让。

我们来看看"北大才女"张泉灵的经历。

1996年，张泉灵从北大德语语言文学系毕业，之后考入中央电视台，这固然令人称羡。更令人羡慕的是，早在就读北大期间，她就已经在与中央电视台合作的节目中担任过主持人了。当时北大与中央电视台合作录制了一档节目，叫《中华文明之光》，这是张泉灵走向荧屏的开始。由于工作的需要，她被无限"放大"，变得和设想中的自己很不一样。她的穿着打扮、言谈举止等，与别的同学明显不同。尽管她自己知道，这是工作需要，但总觉得自己很张扬，更不必说别人怎么看她了。她也很不喜欢这种感觉，因为她从小到大都十分低调，也一心想过普通人的生活。

面对一个硬币的两面，她如何取舍呢？答案就是"不一味低调，也不一味张扬"。她把这句话抄下来，当成座右铭，时不时地暗示自己，取得心理与现实的平衡。

张泉灵曾在公开场合表示："工作中的张扬，是一种对工作的热爱而情不自禁散发出来的工作热情。"这显然是一种回应，因为在此之前，她主持、编导过的许多档节目，如《中国报道》《东方时空》《人物周刊》《焦点访谈》《新闻会客厅》等，收视率都非常高，备受关注的同时，也顺带着被不少人认为"张扬过度"。

实际上，生活中的张泉灵非常低调。举例来说，有很多人都知道张泉灵的名字，知道她是主持人，有些人还能准确说出她是中央电视台的节目主持人。但是你问观众，张泉灵的老公是谁？知道的人就很少了。包括很多与张泉灵有工作交集的人，对她的生活也基本上一无所知。我们知道，公众的好奇心无比强大，越是不知道，就越是要窥探，为这还闹过乌龙。张泉灵的老公究竟是谁，这不重要，重要的是我们要从中看到，有些事情真的没必要低调，比如学习，比如工作，该冲锋时就得冲锋一趟，该放飞时就要放飞自我，很多时候这还不仅仅是你个人的事，还关乎同事与团队。而有些事情，比如个人生活，尤其是个人隐私，则是能低调就低调。

我还听说过一个颇有启发意义的小故事：

一个歹徒劫持了两个路人，他手持一把手枪，枪里只有一枚子弹。歹徒对他们俩说，谁也不许动，谁动就打死谁！结果最后挨子弹的反而是那个一动不动的人。为什么？答案非常简单，因为不动的人更容易被击中。

我们做人也是这样，在很多场合，你固然要学会低调，不四处炫耀，八方树敌，否则可能会成为别人攻击的对象；同时你也不必因为害怕别人忌妒而不敢说出自己的看法，只要自然而然地表述就行了，这是你的权利，你也应该发出自己的声音。

第四份礼物：兼容并包

1. 有容乃大，兼容乃成

在首都北京故宫博物院，收藏有一幅据说是明朝皇帝朱见深的绘画作品，画名《一团和气图》。这幅画在中国书画史上没什么太大的名气，朱见深也不是书画大家，不过这幅画构思非常巧妙，粗看上去，画中人物是一个盘腿而坐、体态浑圆的笑面弥勒佛；细看上去，却是三人合一：左边是一位头戴道冠的老者，右边是一个裹着方巾的儒士，二人各伸一手，分执一卷经书的两端，相对微笑；第三人则双手搭在二人肩上，露出光光的头顶，手捻佛珠，分明是位佛教高僧。

朱见深作这幅画的用意是什么呢？是以绘画的方式揭示儒、释、道"三教合一"的思想，进而倡导大明天下君臣万民皆"一团和气"。如果往前追溯，这一思想可以一直追溯到南北朝时的傅大士。傅大士曾经点化几度舍身入寺的梁武帝，方式就是"走秀"：他头戴一顶道冠，身穿一件僧袍，脚上又穿着一双儒履，去见梁武帝。梁武帝见他打扮得这么奇特，惊问其故，傅大士明言："皇上您喜好佛法，这是百姓之福，可是您太执着于佛法了啊！您把自己的皇帝当好，把国家治理好，就是普度众生，就是慈悲为怀！何必一定要出家呢？把头剃光，穿一身和尚衣服，未必就是向佛啊！"

数百年后，宋朝宰相王安石作过一首诗："道冠儒履释袈裟，和会三家作一家。忘却兜率天上路，双林痴坐待龙华。"大意就是说，傅大士所倡导的"三教合一"的思想，无论出家、在家，不管是学习、工作与生活，都值得吸取与借鉴。

因为三家各有所长，互通有无，融会贯通，活学活用，不仅能助益个人与集体的生存与发展，也能避免固执一端、只学一途的弊病。

具体说来是，儒家讲入世、道家讲出世、佛家讲救世；儒家讲天命、道家讲自然、佛家讲解脱；儒家讲气节，道家讲境界，佛家讲慈悲；儒家如小学、道家如中学、佛家如大学；儒家如粮店、道家如药店、佛家如百货商店；儒家求君子、道家求逍遥、佛家求自在；儒家弃小人、道家弃造作、佛家弃烦恼；儒家表现于礼、道家表现于真、佛家表现于戒，等等。事实上，此三家者，也正是我们民族传统文化的三大内核，它们共同形成了我们的国学，在很长一段时期内，支撑着中国的社会格局和国人的意识形态。对现代人来说，对它的理解无妨大道至简些：凡事不可偏激、不可偏信、不可偏废。只要是好的、对的，只要是对我们的生活有帮助的，我们就学习，我们就接受。当然在学习、接受过程中，还是要注意扬弃一些与现实脱节的、过时的、糟粕的东西。我们不想接受的、不应该接受的，也不一定就视它为洪水猛兽，异端邪说。事实证明，最大的猛兽在人心中，心不正，心不净，任何学说，再正面的学说，也能找出"异端"的成分，真正的异端，则往往借机大行其道。

傅大士之所以倡导"三教合一"，就在于当时的"三教"远未合一。如果站在历史的角度，我们可以说，三教在很长一段时期内，不仅谈不上和睦相处，甚至连井水不犯河水都做不到，竞争非常激烈。释道两家就不说了，单说儒家，到现在，所有的读书人莫不以儒家子弟自居。然而，同为儒家子弟，同为炎黄子孙，同为文人，也往往相轻相贱，相互鄙夷。原因何在？人性的自私。私心导致自私的人们，拿着各自的标尺，对一件事情做出对各自最有力的解剖与评判，至于真理、正义与到底孰是孰非，很少有人提它。

不止一位学者在公开或者私下的场合讨论过类似的话题：如果释迦牟尼、耶稣基督、穆罕默德、老子、孔子等人坐到一起，大家一定会和和气气，而不是向现在那些打着他们的旗号争来争去的信徒。当然，除了客气，他们还会虚心讨教，相互学习，因为他们都知道，自己面对的都是相当了不起的人物，这可是最好的学习、切磋机会。

曾在1916年至1927年间担任北大校长，革新北大，开"学术"与"自由"之风，提出"兼容并包，思想自由"理念的蔡元培先生，就是这样跨时代的人物。有人说，北京大学在维新变法中成立，却是在蔡元培先生担任校长时才真正诞生。确实如此，北大最初叫京师大学堂，犹如一个"官僚养成所"，处处散发着颓败的气息。蔡元培上任后，为铲除科举制留下的劣根性，以最快速度请来一批新教员，其中包括陈独秀、李大钊、鲁迅、胡适、钱玄同、刘半农等新派人物，也包括备受争议的辜鸿铭、刘师培等文化大家，真正做到了"不拘一格降人才"。

当时，陈独秀已经在上海创办《新青年》，在全国范围内掀起了新文化运动。蔡元培为聘请陈独秀为"文科学长"，亲自到陈独秀寄宿的前门小旅馆"三顾茅庐"，坐在房门口等他起床。胡适被聘为教授时只有26岁，并且还未获得哥伦比亚大学博士学位，但蔡元培为了让胡适进入北大，不惜帮其伪造学历。对于辜鸿铭和刘师培，蔡元培说："我希望你们学习辜鸿铭先生的英文和刘师培先生的国学，并不要你们也去拥护复辟或君主立宪。"除此之外，他还延聘世界各国的知名学者到北大讲学，并授予他们北大名誉博士学位，其中包括杜威、芮思施、班乐卫、儒班等。

得益于这种海纳百川的胸怀，蔡先生才能够让不同主张的人在一所大学共生共存，使得北大教师队伍流派纷呈，各放异彩，百家争鸣，盛极一时。更重要的是，正是因为蔡先生的兼容并包，使得新文化有了立足之地，使得北大成为新文化运动的堡垒，科学民主的思想得以传播。从这个意义上讲，蔡元培不仅是现代北大的缔造者，也是中国现代大学理念和精神的缔造者。

2. 要容得下宇宙，也要容得下沙子

就从首倡大泽乡起义的陈胜说起吧：

上过学的人都知道，陈胜出身很低，一出场就是在与人佣耕，相当于现在的临时工。但他胸怀大志，借着休息的工夫，说出了名垂千古的六个字："苟富贵，勿相忘。"面对工友的讽刺，陈胜再吐豪言："燕雀安知鸿鹄之志哉！"后来，陈胜果然一飞冲天，引领了时代。早年和他一道佣耕的同乡去投奔他时，他也爽快地予以收留，但因为同乡太爱讲话，不懂为尊者讳，总在人前讲陈胜在家乡时的糗事，陈胜听信谗言，便为了所谓的威严，杀了同乡。亲朋故旧一看，都寒了心，先后离去。半年之后，众叛亲离的陈胜就死在车夫庄贾刀下，成为千古遗恨。

古人云，海纳百川，有容乃大。办大事，首先要有大胸怀，不然很可能毁在小节与细节上。陈胜，不就是这样吗？现代人也说，如果你能容下 500 人，你就可以做个连长；如果你只能容下 5 个人，那你顶多能做个代理班长。一个人容不下别人，别人自然也容不下他。

有些人会说，不是我容不下人，是有些人天理难容。还不允许我自卫吗？当然允许。但生活不是战场，总是把生活搞得硝烟弥漫，结果只能是两败俱伤。

北大校友、著名作家、哲学家周国平也说过："人与人之间，部落与部落之间，种族与种族之间，国家与国家之间，为什么会有仇恨？因为利益的争夺，观念的差异、隔膜、误会，等等。一句话，因为狭隘。一切恨都源于人的局限，都证明了人的局限。爱在哪里？就在超越了人的局限的地方。"

人世间所有问题，都是一颗心的问题。人们常说，比大地更辽

阔的是海洋，比海洋更辽阔的是天空，比天空更辽阔的是人心。人心即宇宙，也只有宇宙比天空更辽阔。好多人喜欢夸夸其谈："我这个人没别的，就是大度！"实际上，古往今来，真正大度的人并不多。别说比天空还辽阔，有些人连自己的家人都容不下。在心平气和时，在大家都还是朋友的时候，谁容不下谁？但一旦不顺他们的意，他们认为没必要容时，立即现出原形，翻脸无情。

前面我们曾经讲过，胡适 26 岁时，蔡元培就把他请到北大来当教授，并且不惜为他学历作假。现在我们就来讲讲胡适，讲讲这个一生宽厚待人的北大名宿。

在二十世纪三四十年代，中国有一句极为出名的流行语，叫"我的朋友胡适之"。胡适之就是胡适，适之是他的字，当时上至总统，下至贩夫走卒，都爱把这句话挂在嘴边。与胡适相处过的人，无论观念有何差异、是何身份，都对胡适交口称赞。每一个跟他往来过的人，都觉得胡适厚道、靠谱，让人放心、舒服。

林语堂刚去美国读书的时候，生活拮据，曾向北大申请过一笔生活费用，胡适非常欣赏林语堂的才华，于是以北大的名义每月捐赠给林语堂 40 美元。林语堂后来学成归国，顺利成为北大教授，胡适也居功至伟。但直到胡适逝世，林语堂来胡适墓地献花时，道出此事，世人才知晓。除了林语堂，胡适还资助过李敖、罗尔纲、吴晗和周汝昌等人，除了经济上，还有生活上、知识上、学问上，甚至是做人上。他逝世的时候，财产只剩 153 美元。

北大名宿黄侃属于守旧派，并且嬉笑怒骂，不拘一格，很看不惯胡适，有机会便冷嘲热讽。一次，黄侃当面责难胡适："你口口声声要推广白话文，未必出于真心。如果你身体力行的话，你就不该叫胡适，应该叫'往哪里去'才对。"还有一次，黄侃给他的学生们讲课讲到兴头上，又谈起胡适和白话文。他说："白话文与文言文孰优孰劣，非常明显。比如胡适的妻子死了，家人发电报通知他本人，若用文言文，'妻丧速归'即可；若用白话文，就要写'你的太太死了，赶快回来呀'，字数多出七个，电报费要比用文言文贵两倍。"胡适知道后，一笑了之。此外，还有不少人要么写文章挖苦、嘲讽他，要么直接批判、攻击他，他也是一笑而过，不与计较，有时甚至当成笑话，讲给妻子听。

胡适晚年说过一句很重要的话，那就是"宽容比自由更重要"，他认为"宽容是一切自由的根本，没有宽容，就没有自由"。在我看来，这句话大家越早知道、越早明白越好。

北大历史系教授阎步克也说过："我有时觉得学者就是一种气质，比如说你遇到一个不喜欢的人，第一反应是怎么把他收拾了，这就不是一个学者的应对方式；你遇到一个不喜欢的人，你第一反应是'人性为什么会这样？'这就像是一个学者的思维方式了。"

著名表演艺术家濮存昕老师也曾在一次演讲时讲过自己青年时的一个小故事："在北大荒插队时，我是个很求上进的青年，也很讲原则，结果把人家给得罪了，没有人理我。我当时很不理解，我觉得自己没有做错，可是大家都不理我，有一次北京知青照相，人家都不愿意和我照！我很苦恼自己的人缘怎么那么差呢？后来父亲给我写了封信说：水至清则无鱼，人至察则无徒。他说我太自大了，认为自己什么都是对的，容不得别人的意见，怎么可能会有朋友呢？经过父亲这么一指点，我慢慢就明白了，要懂得宽容别人，要体谅他人的难处，要懂得为别人着想。"

的确是这样。我们总是说，做人要有境界，对己要严，待人要宽。其实宽容主要是针对那些有些瑕疵的人而言的。人要容得下宇宙，也要容得下沙子。要亲近君子，也不必对俗人丢卫生眼球。别人对你好，你也对别人好，那是正常现象。别人对你不好，你仍对别人好，那才叫伟大。

第五份礼物：我心有梦

1. 有希望，青春可以不迷茫

考上北大是无数莘莘学子的梦想。2018年，出身贫寒的河北女孩王心仪以707分高分考进了自己心仪的北大，并以一篇《感谢贫穷》在网上分享了自己与贫穷和希望的故事，引发了网友的强烈反响。很多人都希望能看到全文，下面我们就把它分享在这里，希望能鼓舞更多人：

感谢贫穷

提笔时，我是有些许犹豫的。因为不知道该怎么讲起这个关于我自己、关于贫穷以及关于希望的故事。

1. 谈钱世俗吗？不！

我出生在河北枣强县枣强镇新村。枣强县是河北省贫困县，人均收入极低。我有两个弟弟，大弟弟和我一起就读于枣强中学，小弟弟还在上幼儿园。一家人的生活仅靠着两亩贫瘠的土地和父亲打工微薄的收入。

小孩子的世界，本就没有那么多担忧与沉重可言。而第一次直面贫穷与生活的真相，是在八岁那年。那年姥姥被诊断出患有乳腺癌，平静的生活如同湖面投了颗石子一般，突然被击得粉碎。一家人焦急慌乱，却难以从拮据的手头挤出救命钱来。姥姥的生命像注定熄灭的蜡烛，慢慢地变弱、燃尽，直到失去最后的光亮。

姥姥辛苦了一辈子，却未换来一日的闲暇，病床上的她依然记挂着牲畜与庄稼。一辈子勤勤恳恳的姥姥的离世，让幼小的我第一次感到被贫困扼住了咽喉。可能有钱也未必能挽救姥姥的生命，但经济的窘境的确将一家人推向了绝望的深渊。

我清楚地记得那些灰暗的日子里母亲无声又无助的泪水，我也开始明白：谈钱世俗吗？不，并不是的，它给予我们最基本的生活保障，也让我们能尽全力去留住那些珍贵的人和物。而这些亦让敏感的我意识到：生活，才刚刚解开她的面纱。

2. 人生的路不是走给别人看的

我和比我小一岁的弟弟相继踏上求学路，又给家中添了不少经济负担。母亲由于身体原因，更因为无人料理的农活及生活难以自理的外公，而无法外出工作。只能靠父亲一个人打工养家糊口。父亲工作不稳定，工资又少得可怜，一家人的日常花销都要靠母亲精打细算，才勉强让收支相抵。

外公与妈妈一年的医药费也是一笔不小的开销，姥姥生病时家里又欠下了不少债，这也就免不了要省掉花在衣服上的钱。亲戚家若有稍大的孩子，便会把一些旧衣服拿到我家。有些还能穿的衣服经母亲洗洗，也就穿在了我和弟弟身上。

她常说，穿衣裳不图多么好看，干净、保暖就很好了。这也就不难理解为什么母亲现在仍穿着二十年前的校服了。我和弟弟也十分听话，从不吵着要新衣服、新鞋子。

不过，班上免不了有几个同学嘲笑我磨坏的鞋子、老气的衣服、奇怪的搭配。记得初一一个男生很过分地嘲弄我身上那件袖子长出一截的"土得掉渣"的棉袄，我哭着回家给妈妈说，她只说了一句："不要理他，踏实做事就好。"

是的，何必纠结于俗人的评论，那不过是基于你的外表与穿着，若他无法看到你内里的自我，不睬他也罢。人生的路毕竟不是走给别人看的。那件衣服我穿了初中三年，那句话我也记到现在。

3. 幸福是极力拥抱自己看到的美好与阳光

除了衣着，上学带来的另一个问题就是：交通。低年级可以在村里上，但升到三年级就只能去乡里的学校。家里有一辆自行车，我坐在后座。弟弟只能坐在前面的梁上，两条腿翘起来。别人眼中似乎是"演杂技"的样子，竟让弟弟坚持了三年。

当时到乡里的路破得不成样子，水泥板碎成一片一片，走起来坑坑洼洼，一到雨天还会积很多水。可妈妈每次接送，从不误时。其实本可以让我们寄宿在学校，一周接送一次，但乡里学校的伙食实在很贵。妈妈又担心正在长身体的我们，却苦了体弱的自己。

有时候免不了要让我们下车跑一会儿，于是每天上下学跑上一公里就成了我和弟弟的锻炼方式。记得有一次下雪，雪积了有一尺厚，车子出不了门，妈妈裹着棉袄，顶着风，走到学校来接我们，一路上也不知道有多少雪融化在了母亲的脸上。但我和弟弟兴奋得不得了，一边玩雪，一边和妈妈说着今天学到的新知识。

我们三个人就这样一直走到天黑才到家。那时候我便懂得了，幸福不是因为生活是完美的，而在于你能忽略那些不完美，并尽力地拥抱自己所看到的美好与阳光。

4. 尽管贫穷刺伤了我的自尊，但仍想说：谢谢你！

贫穷带来的远不止痛苦、挣扎与迷茫。尽管它狭窄了我的视野、刺伤了我的自尊，甚至间接夺走了至亲的生命，但我仍想说，谢谢你，贫穷。

感谢贫穷，你让我领悟到真正的快乐与满足。你让我和玩具、零食、游戏彻底绝缘，却同时让我拥抱到了更美好的世界。

我的童年可能少了动画片，但我可以和妈妈一起去捉虫子回来喂鸡，等着第二天美味的鸡蛋；我的世界可能没有芭比娃娃，但我可以去香郁的麦田，在大人浇地的时候偷偷玩水；我的闲暇时光少了零食的陪伴，但我可以和弟弟做伴儿，爬上屋子后面高高的桑葚树，摘下紫红色的桑葚，倚在树枝上满足地品尝。

谢谢你，贫穷，你让我能够零距离地接触自然的美丽与奇妙，享受这上天的恩惠与祝福。我是土地的儿女，也深深地爱恋着脚下坚实与质朴的黄土地；我从卑微处走来，亦从卑微之处汲取生命的养分。

感谢贫穷，你让我坚信教育与知识的力量。物质的匮乏带来的不外是两种结果：一个是精神的极度贫瘠，另一个是精神的极度充盈。而我，选择后者。

我来自一个普通但对教育与知识充满执念的家庭。母亲说过，这是一条通向更广阔世界的路。从那时起，知识改变命运的信念便深深地扎根在我的心中。

母亲早早地教我开始背诗与算数，以至于我一岁时就能够背下很多唐诗。来自真理与智慧的光明，终于透过心灵中深深的雾霭，照亮了我幼稚而又懵懂的心。贫穷可能动摇很多信念，却让我更加执着地相信知识的力量。

感谢贫穷，你赋予我生生不息的希望与永不低头的气量。农人们都知道，播种的时候将种子埋在土里后重重地踩上一脚。第一次去播种，我也很奇怪，踩得这么实，苗怎么还能再破土而出？可母亲告诉我，土松，苗反而会出不来，破土之前遇到坚实的土壤，才能让苗更茁壮地成长。长大后，当我再次回忆起这些话，才知道自己也正是如此了。

5. 我不相信手掌的纹路，但我相信手掌加上手指的力量

"我不相信手掌的纹路，但我相信手掌加上手指的力量。"求学路上，多少的坎坷困顿终究阻挡不住我追逐真理的脚步。中

考，我以全县第一的成绩考入枣强中学。高中三年，我一直秉承着"好之者不如乐之者"的态度，寻找并发现学习的乐趣，并全心投入其中，为每一天注入灵感与活力。三年来，我的成绩一直稳居年级前三名。在细心钻研课内知识的同时，我也注意拓展自己的课外知识，积极参加各种竞赛活动，获得了全国中学生基础知识与创新能力大赛省级一等奖，全国中学生物理竞赛省级二等奖、化学竞赛省级二等奖。

此外，我还是个充满好奇心与想象力的女孩。我喜欢仰望天空，那一望无尽的透彻的蓝，让心中所有的尘埃散尽，归于平静；我喜欢逗弄花草，这份大自然的馈赠与祝福，若不多花些时候欣赏，简直算得上"暴殄天物"了；我喜欢做白日梦，那是心灵的探索与自我的找寻，思想在翱翔、在潜游，引领我去本遥不可及的远方。我喜欢像这样放飞自我，与灵魂做伴，来一次心灵的旅行。同时，我也算得上是个"文艺女青年"，平时喜欢静静地写点东西，作品《杨绛——那个安静的守望者》获得"语文报杯"大赛全国二等奖。

大家眼中的我，是个活泼、乐观而幽默的女生，时不时会给大家高歌一曲，把所有人吓出寝室；也常给朋友讲段子（听我讲笑话真的可以练出腹肌）。同学们学习或生活中遇到了问题，也会找我帮忙，我亦以此为乐、全力相助。同时，我也绝不是个"两耳不闻窗外事"的两脚书橱。校内，我一直担任班长，全心全意为班级服务，并参与各种学校活动的组织、主持工作，被评为省级优秀学生干部；校外，我也投身于社会实践与服务工作中去，参与清扫街道、敬老院敬老等活动，受到大家的赞扬。

三年，苦吗？很苦，小弟弟的诞生，加上我和大弟弟都踏入枣强中学，不免让家庭经济陷入更大的困境，这些也让我认识到肩头上沉重的担子。我是老大，必须撑起这个家的希望。于是，压力成了动力，这种信念与责任激励着我一路向前。一年四季我一直穿着校服，每日的伙食是单调的白菜馒头稀饭，鸡蛋是成绩提高后作为奖励的加餐。可三年，又很甜。"以中有足乐者，不知口体之奉不若人也。"探索新知的乐趣远远超过了汗水的苦与咸。有老师的谆谆教导、同学的真挚情谊、学校的关心照顾，那些苦又算得了什么？

2. 叫醒高手的不是闹钟，是梦想

百年北大培养出无数名人，遍及政界、教育界、文化界、企业界与科研领域。鲜为人知的是，北大还曾经培养出一位总统，他就是现任埃塞俄比亚总统穆拉图·特肖梅。翻开其履历，我们发现，穆拉图·特肖梅的总统之路也不是一蹴而就的。在进入北大之前，他先是花了一年时间在当时的北京语言学院（现北京语言大学）学习汉语，然后进入北大哲学系读本科，接着又连续攻读北大国政系的硕士与博士学位，仅仅是这段在中国的学习历程，就长达 16 年！

1976 年，穆拉图以公派生的身份来到中国留学。在这之前，他在自己的祖国度过了小学与中学生涯。在这之后，他以埃塞俄比亚外交部一名参赞为起点，一路晋升，历任该国政策制定及培训司司长、驻日本大使、驻中国兼驻泰国和越南大使、经济发展和合作部副部长、农业部长、议会联邦院议长、驻日本兼驻印度尼西亚和澳大利亚及菲律宾大使、驻土耳其大使，最终于 2013 年 10 月 7 日当选埃塞俄比亚总统。

这中间还有一个非常重要的插曲，本来，本科毕业后穆拉图就回到了埃塞俄比亚，可惜赶上了国内政变，他感到前途渺茫，于是又回到母校北大继续学习。8 年后再度回国，他成功进入埃塞俄比亚政府系统工作。可每到一个新的职能部门任职时，他都需要用实力证明自己，好让手下的工作人员信服，并听从其指挥。其间发生过很多问题，他也因此陷入过沮丧沉沦的境地，然而在北大多年的学习让他拥有了勇于面对一切的北大精神，这种精神最终帮助他克服了种种障碍，让他一步步成长为埃塞俄比亚政坛的重量级人物，在定国安邦这样的大事上也能够驾轻就熟地胜任。

当选埃塞俄比亚总统，让穆拉图的政治生涯翻开了绚丽多彩的一页。可是，在这光芒的背后，又有谁能身临其境地体会到过程中的艰难困苦呢？

总统也好，普通人也好，其实都在负重前行。穆拉图也有迷茫的时候，我们也不一定就像想象中那么脆弱。刀要石磨，人要事磨，是坚强，还是脆弱，一切都取决于我们自己。

有句话说得非常经典："叫醒高手的从来都不是闹钟，是梦想！"每个人真正强大起来都要度过一段没人支持，也没人理解，甚至只有人嘲笑的日子，所有事情都需要自己一个人去撑，所有情绪都只有自己一个人知道。但只要咬牙撑过去，一切都会不一样。所以，在梦想还未成真之前，坚持下去！在未来还未到来之前，坚持下去！在自己再苦再累再怎么熬不过去的时候，坚持下去！

北大历史系教授皮名举先生说过，"古今中外，凡能成就一番伟大的事业，对社会有着突出贡献的人，无一不是自强不息、脚踏实地、艰苦奋斗的结果"。确实如此，所谓"自助者，天助也"，只有自力更生，你才能学会从自身力量的源泉中汲取动力，从自身的力量中品尝到甜蜜的味道。不要再说什么"学好数理化，不如有个好爸爸"，因为丧失自主能力的人，才是最不幸的人。也许你现在一无所有，但只要你还懂得自强自立，即使是最穷苦的人也有登及顶峰的时候。对于有志者来说，成功的道路上根本没有不可战胜的困难；成功的大门，也永远只为那些自强不息的人敞开着。

既然皮教授说到古今中外，那我们就来看看雷纳·川伽先生的经历，他在自传中详述了自己当年如何从一个美国富二代堕落成败家子，最终又通过自身努力转变为一个成功人士的过程：

我的父亲不但事业成功，而且为人慷慨。从我上高中起，他便允许我随时用银行的账号开支票。上大学后，我更是精于此道了。我完全不知道钱的价值，更不知道要用什么方法去赚取，我只知道如何用父亲的账号去签写支票。

这样的生活一直持续到父亲过世。父亲给我留下了一块相当大，而且十分值钱的土地，位置就在密苏里河下游靠近莱新顿一带。我开始以农夫自居，但没多久，大萧条横扫全美，我的农庄开始呈现严重赤字。我抵押了一片土地去偿还债务，但经济依旧不景气，使我不得不把那片抵押的土地以极低的价格卖出。后来，由于我的情况越来越糟，便又以同样的方法陆续把田地抵押并最终卖出去。

最后，算总账的日子终于来临了。我知道我已一无所有。假如我要继续活下去，得出去找一份工作——那是我以前从未做过的事。我苦不堪言，夜不能寐。但那时，我唯一的技能是开支票，但这方法行不通了。我完全不知道应该怎么办。

一天早上，当我再一次从睡梦中醒来时，终于知道自己必须面对事实。我对自己说，滑雪橇的童年已经过去，现在你已长大成人，行事当然也要像个大人。起来吧，要起来工作！

除了面对自己的困境之外，我也开始寻找自己究竟信仰什么。以前，我一直人云亦云地认为美国是个充满机会的国度，只要努力，便能达到追求的目标。虽然正值萧条时刻，工作机会不多，但我个人仍有一些长处。至少，我的健康状况良好，有一份大学文凭和一些商业知识，还有从失败和错误中得到的经验与体会。我需要的是采取行动，而不是浪费时间去感叹自己的不幸遭遇。

我完全了解自己的生活和想法。对我来说，找份工作并不容易。但是我不能让自己颓丧下去，我必须强迫自己用信心来取代恐惧和疑惑。我要相信这个国家是个充满机会的地方，只要有决心，人人都可争得一席之地。就是这份信念，使我坚持了下去，绝不轻言放弃。

不久，我在堪萨斯市的一家财务公司谋得一个职位，并在那里愉快地工作了整整4年。后来我辞去职务，再度回到家乡。这一次，事情进行得顺利多了。我慢慢建立起自己的信用，并逐渐扩大事业的范围。我买进卖出，获得不少利润。感谢多年来失败给我的教训，这一次，我走上了成功路。我失去的产业，都被我再度赚了回来。我的努力没有白费，但更重要的，是我把这些宝贵经验都传给了两个儿子。这比只给他们财富要有意义多了。

确实，再多的财富都不如一双勤劳的手和一颗上进的心。如果说叫醒高手的从来都不是闹钟，而是梦想，那么雷纳·川伽的故事则告诉我们，惊醒浪子的也从来都不是支票，而是账单。很多人为什么学习没进展，工作没希望？因为他们的学习账户与工作账户欠费太多，在补缴之前，肯定不能与那些账户余额很高的人相提并论。如果他们不想这样下去，他们就必须付出更多的努力。否则，就会连累到他们的整个人生。

《易经》中有句话："天行健，君子以自强不息。"每个人都应该像天宇一样，运转不息，健行不已。一个人一旦走上自强的道路，他的力量将是不可估量的。一个人一旦自立了起来，无论有多么大的困难，他就总能克服。

每一个经历过的人都知道，遇到任何问题都不能害怕，唯有勇敢面对，才能坦然面对命运的答案。不要一开始就认定自己不行。看上去，我们面对着各种各样的困境，其实我们所面对的敌人永远都只有我们自己，你要做的就是突破自我、超越自我。这说起来简单，做起来却很难，它需要超凡的勇气，以及永不停歇的进取精神。所以，当你考上了一所不错的大学，对目前的自己感到满意，选择停下脚步时，北大人还在挑灯夜读，准备更上一层楼。不要以为他们就是天生的成功者，缺少这份精神，他们也是平庸人。

第六份礼物：砥砺前行

1. "屡战屡败"与"屡败屡战"

"屡战屡败"与"屡败屡战"，这两个词有区别吗？

当然，它们的侧重点不同。屡战屡败，说的是一次又一次地投入战斗，但结果总是失败，让人信心扫地，斗志全无，别人也会认为此人能力太差，扶不上墙。屡败屡战，则是说虽然一个人或一个团队一次又一次地失败，但失败之后仍然继续战斗，让人感觉他们很有斗志，不会放弃，进而相信他们总有战胜的那一天。

这还牵涉到一段近代史。太平天国时期，有一段时间，曾国藩在与太平军作战时一直吃败仗，急需援兵。他草拟了一份奏折，准备上奏清朝，为了安全起见，拿给一个幕僚掌眼。幕僚一看，只见上面有一句话是"臣屡战屡败……"，觉得不妥，于是建议他把这句话改为"臣屡败屡战……"，原字未动，仅仅是顺序上的改变，但原本传达给人的狼狈的败军之将形象，顿时转变成了百折不挠的国之栋梁。曾国藩心悦诚服，马上采纳，慈禧太后看到奏折后也是龙颜大悦，马上信心十足地派兵增援曾国藩。

说到曾国藩，我们马上会想到他的名言——"结硬寨，打呆仗"。有人甚至把它称之为六字心法，极尽推崇。其实大可不必，凡事有利就有弊，曾国藩打呆仗也能赢，主要是在那个时代，很多人的仗打得更呆。左宗棠就曾经说过曾国藩"欠才略""才太短""才艺太缺""兵机每苦钝智"，也就是反应迟钝，不够灵活，有战机也不抓，只知道一个劲儿地挖沟筑墙。李鸿章作为曾国藩的弟子，也说他"儒缓"，也就是做事反应太慢。而且即便是曾国藩，也不是结硬寨就能守，打呆仗就能赢。他能通过玩文字游戏给慈禧太后吃个定心丸，这不假，但他本人也曾兵败到信心全无、试图自杀的程度。他这么做，主要是因为他只会结硬寨，打呆仗，并且相对于太平军，湘军有结硬寨，打呆仗的底气，也就是来自全国各地的、源源不断的粮饷。

学习也好，工作也罢，都是这样，太迂腐肯定不行。别人都学计算机了，你还非要用算筹演算，这不是时代要淘汰你，而是你自己要淘汰自己。北大人从不这样，可以说，每一个北大学子都是学习方法上面的专家，每个人都有各种各样的学习妙招。但是，很多时候我们确实需要曾国藩精神，需要结一座硬寨，打几场呆仗。比如同样是学计算机，有人遇到难题习惯性地绕过去，结果留下一堆Bug，埋下一堆隐患，最后不是系统崩溃，就是人生崩盘。有人则不逃不绕，选择啃硬骨头，咬定青山不放松，任尔东南西北风，最后都不难啃出其中的滋味。

毛主席教导我们，"好好学习，天天向上"。毛主席也曾经说过，"愚于近人，独服曾文正公"。曾文正公就是曾国藩，俩人还是湖南老乡，毛主席从曾国藩身上也汲取了不少营养。别的不说，"好好学习，天天向上"也并不是那么容易的，有的时候我们就是学不下去了，就是无法向上了，怎么办？只能发挥"结硬寨，打呆仗"的精神，刻苦攻读。

以曾国藩本人为例，他有一个近乎段子的小故事：

据说，曾国藩天赋很差，小时候上私塾，普通孩子很快就能掌握的文章，他往往要背上很久。有一天，他在书房里背书，一篇文章念了数十遍，还是没有背下来。这时有贼人光临，潜伏在屋外，准备等曾国藩睡觉后捞点好处。可左等右等，曾国藩总也不睡，只是翻来覆去地读那篇文章。最后贼人大怒，推门而入，大骂曾国藩："你这个小孩，真是笨死了，这种水平还读什么书？我都会背了！"说完，就在曾国藩面前流利地背诵一遍，然后扬长而去！

翻看其履历，发现曾国藩天赋确实不太高。史料记载，他于1838年中进士，此前两度落第，一共考了3次才考上，进士排名还很靠后，位列第四十二名。但是，靠着"结硬寨，打呆仗"的笨方法，他一步一个脚印，不仅考上了进士，进入仕途，位列晚清中兴四大名臣之首，还是著名的理学家、文学家，著作等身，成就巨大。想想看，天资并不聪慧如他，如果没有这种精神，还能否取得如此成就呢？

天资聪颖的人，就不需要打呆仗了吗？也需要。曾同时在清华、北大与北师大兼课的著名国学大师钱穆先生说过："古往今来有大成就者，诀窍无他，都是能人肯下笨劲儿。"钱穆本人就很聪明，博闻强记，有"神童"之称，但他从不以聪明自恃，而是几十年如一日地攻读，一丝不苟地做笔记，踏踏实实地钻研学问。用历史学家孙国栋先生的话说，钱先生无论是学问、精神、风采，都是朱熹之后唯一人。

如果一个人既聪明，又勤勉，还舍得下笨功夫，他不成功，老天都不答应。因为学习是一个不断向上的过程，古人也说，"欲穷千里目，更上一层楼"，但知识的殿堂有其特殊性，很多时候别说更上一层楼，登堂入室都很难。每学到一个阶段，人就会遇到相应的瓶颈与天花板，没有屡败屡战的精神，很难打通相应的知识阻塞，打开向上走的通道。

再以毛主席为例，尽管早在湖南第一师范求学期间，他就被恩师杨昌济许为"资质俊秀""海内人才"，但谁的青春不迷茫？1918年8月，青年毛泽东为新民学会赴法勤工俭学的事，由长沙乘火车到北京。他忙碌着，奔波着，几经联系，才落实好勤工俭学的事宜。大多数青年因出国补习法语需要，陆陆续续进了预备班，没有进预备班的也考入了北大预科。可他本人却没有报考预科，经济是一个很重要的原因。事实上，他来北京的路费都是借的，必须马上找工作，解决吃饭问题。杨昌济最终把他介绍给了北大图书馆主任李大钊，毛泽东得以进入北大，成为北大图书馆助理员，工资倒是不低，每月有八块钱。但已经在湖南小有名气的他，在北大这块精英聚集之地，还只是一个来自外地的普通青年，默默无闻。

多年以后，他以一种略带自嘲的语气回忆这段经历："我的职位低微，大家都不理我。我的工作中有一项是登记来图书馆读报的人的姓名，可是对他们大多数人来说，我这个人是不存在的。在那些来阅览的人当中，我认出了一些有名的新文化运动头面人物的名字，如傅斯年、罗家伦等，我对他们极有兴趣。我打算去和他们攀谈政治和文化问题，可是他们都是些大忙人，没有时间听一个图书馆助理员说南方话……"

毛泽东并没有灰心，他参加了哲学研究会和新闻学研究会，利用在北大旁听的机会，如饥似渴地学习。对于当时在新闻学会讲课的著名报人邵飘萍，他十分敬佩，曾经多次上门求教。可以说，在北大学习的这段时间，使他得以更广泛地接触新事物，接受新思想，这对于奠定他本人的思想基础，有着十分重要的意义。

新东方总裁俞敏洪在一次演讲时也曾经说过："我从没想到过新东方能从培训 13 个学生，到现在变成培训 175 万学生。其实所有这一切你都不一定要去想，只要坚持往前走就行了。只要你心中有理想、有志向，你终将走向成功，你所要做到的，就是在这个过程中，要有艰苦奋斗、忍受挫折和失败的能力。有一个故事说，能够到达金字塔顶端的只有两种动物，一是雄鹰，靠自己的天赋和翅膀飞了上去。另外一种动物，也到了金字塔的顶端，那就是蜗牛。蜗牛肯定只能是爬上去，从底下爬到上面可能要一个月、两个月，甚至一年、两年。在金字塔顶端，人们确实找到了蜗牛的痕迹。我相信蜗牛绝对不会一帆风顺地爬上去，一定会掉下来，再爬，掉下来，再爬。蜗牛只要爬到金字塔顶端，它眼中所看到的世界，它收获的成就，跟雄鹰是一模一样的。我在北大的时候，包括到今天为止，我一直认为我是一只蜗牛。我一直在爬，也许还没有爬到金字塔的顶端。但是只要你在爬，就足以给自己留下令生命感动的日子。"

2. 你若不勇敢，谁替你坚强

民国时期，有两根著名的辫子，一位是北大的辜鸿铭，我们以后再说；另一位就是让北大"五顾茅庐"，让清华"三顾茅庐"才肯出山的王国维。

王国维是中国近代学术史上的一座高山，在国际上也享有盛誉。他在教育、哲学、文学、戏曲、美学、史学、古文学等方面都有丰厚的学术成果。尤其是他在《人间词话》中提出的"人生三境界"，非常著名：

王国维认为，古往今来，所有成大事业、大学问者，必经三重境界：

第一重境界："昨夜西风凋碧树。独上高楼，望尽天涯路。"这句词出自北宋词人晏殊的《蝶恋花》，大意是说，"我"独自一人登上高楼，眺望远处的萧瑟秋景，西风黄叶，前途渺渺，希望何在？王国维将其引申为做学问者，首先要有执着的追求，登高望远，树雄心，立壮志，排除干扰，不能被暂时的烟雾所迷惑。

第二重境界："衣带渐宽终不悔，为伊消得人憔悴。"这句词出自北宋词人柳永的《蝶恋花》，原意表达作者对爱的艰辛和无悔。若把"伊"字理解为词人所追求的理想亦无不可，王国维则别有用心，以此来比喻学问绝不是轻而易举就能得到的，必须坚定不移，经过一番辛勤劳动，废寝忘食，孜孜以求，直至人瘦带宽，也不后悔。

第三重境界："众里寻他千百度，蓦然回首，那人却在，灯火阑珊处。"这句词出自南宋词人辛弃疾的《青玉案》。王国维认为，此即为人生最终、最高境界。想达到这一境界，必须有专注的精神，反复追寻、研究，下足功夫，自然会豁然贯通，有所发现。

之所以称之为"人生三境界"，而不是划定范畴，如治学三境界，就在于它可以适用于人生的方方面面，不唯治学。境界虽有三重，但其核心就两个字——执着。不执着，立志也没用；不执着，就不能在蓦然回首时猛然顿悟。但执着，在一定程度上就意味着"孤独、寂寞、冷"。

著名作家卢跃刚在《东方马车》一书中描述过俞敏洪创业时的情景：

他在中关村第二小学租了间面积十平方米、透风漏雨的平房当教室，外面支一个桌子，放一把椅子，"东方大学英语培训班"正式成立。第一天，来了两个学生，看"东方大学英语培训班"那么大的牌子，只有俞敏洪夫妻俩，破桌子、破椅子、破平房，登记册干干净净，人影都没有，学生满脸狐疑。俞敏洪见状，赶紧推销自己，像是江湖术士，凭着三寸不烂之舌，活说死说，让两个学生留下钱。夫妻俩正高兴着呢，两个学生又回来了。他们心里不踏实，把钱又要回了……

2014年，马云在北大演讲时，也说过很多真心话，并且道出了阿里真正的核心竞争力所在。他说：

在前面7天，我走了3个国家、6个城市，到了洛杉矶、纽约、华盛顿、巴黎、罗马，然后回来。现在大家都在讲梦想，我的梦想是什么呢？我那时候学外语，最大的梦想是早上在巴黎，中午在伦敦，晚上在布宜诺斯艾利斯，现在才知道这不是我要的生活，其实非常辛苦，时差颠倒，吃的不合适，语言不断交换，非常辛苦。但是路上我学到了很多，也想到了很多，了解了很多东西。

今天到这儿跟大家分享，这15年里，阿里巴巴是怎么走过来的。阿里巴巴是一家很幸运的公司，这些年来创业的互联网公司很多，但我们走到了今天，因为我们没有放弃自己的使命。成立的时候，我们很小，18个人，在我家里。我提出了一个很大的理想：让天下没有难做的生意。当时做电子商务很难，大家认为电子商务在中国不靠谱，互联网在中国就没机会，更别说电子商务。今天的电子商务很热了，这不是今天成功的，是15年以来，我们坚持每一天、每一个月，挡住了很多的诱惑，才活过来的。

阿里的"核武器"是价值观和思想。淘宝成功的一个很重要关键，就是当时锁定的是20岁左右的年轻人，如果你去说服那些四五十岁的人去适应网上购物，在七八年前，基本不可能，他会告诉你一万个理由，上网危险、不安全。所以，我们想办法说服那些需要帮助的人，说服那些渴望成功的人。我们一直觉得，只要世界上存在着抱怨、存在着麻烦、存在着各种各样的不满，那都是我们发展的机会。

所以，这十多年以来，我们确定的目标说，十年以后需要什么，今天我们就开始去做什么。因为我们坚信一点，在杭州，我们大家都一样，我也没有一个有钱的爸，也没有一个有权的爸，连有权的舅舅都没有，尽管有三个舅舅。

今天做，明天就会成功的事情，一定轮不到我们，今年做，明年就会发财的事情，肯定也轮不到我们，我们只能做今年做十年以后会成功的事情，而且要找到一批志同道合的人坚持去做才有可能，一个人是不可能成功的。可是刚开始的时候我们根本招不到人，我说招不到人也没办法。2001年、2002年，只要会走路、不太残疾的人来报名，我们就要。我们想办法用我们的使命感、用我们的价值感染每一个人，说服他们、改变他们。

其实，今天阿里最最骄傲的事情，是我们真正影响了很多阿里巴巴人的思想、价值观和生活方式。而很多离开阿里巴巴的人至今为止，都很纠结。为什么？因为阿里很纠结，因为阿里不像一个普通的商业公司，它特理想主义。但是我相信一个真正的理想主义者是务实的，你既要活着，还要为理想奔命，确实比较辛苦。但是我坚信一点，阿里巴巴的第一个产品是我们的员工，其次才是我们的软件、技术，再其次才是淘宝网。所以，只有我们的员工变化了、成长了，我们的客户、产品才会发生变化。所以，这一点是我们坚持的。

阿里巴巴创办的前四五年内，每次有新员工进来，我一定花两个小时跟大家交流，我跟大家讲清楚，我一定不承诺你们会有钱、不承诺你们会当经理、不承诺你们会买到房子、买到汽车，但是我承诺你有眼泪、委屈、冤枉、倒霉，我们公司一个不会少，都会给你的。

其实，阿里不是一家普通的公司。以前我们请不起北大的学生，所以我们找三流学校里的一流学生。所以如果有机会（与北大学生）进行合作的话，大家一定要记住阿里巴巴不是一家普通的商业公司，我们认为互联网不应该仅仅是用来赚钱的，它应该推动社会的进步、改变社会、影响社会，这是我们这家公司所做的。

最后，我们再来看看程梦稷——一个普通北大女孩的故事。她来自湖北省襄阳五中，在步入北大圣殿之前，她所付出的努力超乎想象。多少个凌晨，别人都睡了几觉了，她依然在挑灯夜读。这一切只为一个梦想，只为能在未名湖畔悠然漫步。程梦稷知道，自己从小就不是最优秀的孩子，升入高中后，在强手如云、由全年级尖子生组成的班级里，她更是感受到了前所未有的压力。她经历过考砸了的窘境，她有过失落，也曾经因为无法接受现实而痛哭流涕，然而她并没有自暴自弃，她深深地懂得什么叫作"你若不勇敢，谁替你坚强"，于是及时做出调整，重新证明自己。一度，她每天只睡五个小时。有时凌晨四点多了，她还在挑灯夜读……其实，这并不是她一个人的故事。如果深挖的话，大多数北大学子都有过类似的经历。就算有过人的天赋，不肯把别人睡觉的时间用在学习上，北大仍然是一个遥远的梦。很多人都想知道北大的学生到底有什么与众不同，为什么与一般人差距那么大？于是，很多人将他们神化，其实完全没必要，要说北大学子与普通学生之间最大的差距，那就是勤奋程度。

第七份礼物：以苦为乐

1. 吃得苦中苦，方为人上人

酸、甜、苦、辣、咸乃人生五味，人尽皆知。可谁都喜欢吃甜头，不喜欢吃苦头。小孩子吃苦药时，甚至会顶着父母的呵斥，把药吐出来。这是人类的本性。然而人生就是五味瓶，从我们出生那一刻起，五味瓶即告打破，只吃甜，不吃苦，从理论上都说不通。所以，明智的人不仅不会拒绝吃苦，还会以苦为乐，没苦也要找苦吃。

越王勾践可能是历史上最能吃苦的名人。为雪洗战败之耻，他睡在草堆上，吃最粗糙的饭，冬天不生火，夏天不扇风，每次饭前、睡前，还要亲尝猪苦胆，然后大声问自己："勾践，你忘记了战败的耻辱了吗？"接着再像模像样地自问自答："没有，我没有忘记！"最终，他打败了吴国，然后就不再睡草堆，不再尝猪苦胆。因为在他看来，苦就是苦，乐就是乐，人吃苦就是为了换回享乐。

这种想法很有市场。俗话说："吃得苦中苦，方为人上人。"何为人上人？人们认为，人上人就是成功人士，成功人士自然不必再吃苦了。如果他选择继续受苦，那一定是为了更大的成功。其实这是对"吃得苦中苦，方为人上人"的误读。我们认为，人上人，首先是认知在人上，精神在人上，境界在人上，其次才是普通人朝思暮想的名利。

三百六十行，行行出状元。状元不一定有钱，有钱谁还去考状元？这是很简单的道理。哪一行的状元都不是那么好当的，想从多如牛毛的竞争者中脱颖而出，你得有自己的绝活儿。哪一门绝活儿都得经过艰苦的训练才能获得。有些高难度的绝活，比如某些武术、杂技中的绝技，甚至要经过几年、十几年乃至更长时间的不间断练习，才能练成。我们读武侠小说，里面动不动就说某某神功练至最高境界需要几十年时间，虽然夸张，但理论上是没问题的，没有人能随随便便成功。只不过有些人喜欢炫耀，有些人则如欧阳修笔下的卖油翁，谦卑低调，在别人惊叹之余，淡淡地说一句："我亦无他，惟手熟尔！"

很多人不理解做学问的人，尤其是那些守着书堆安贫乐道的人，这是何苦呢？读书没用啊！动辄发出这样的慨叹。其实这是真正的可怜人。很多高层次的快乐，需要专业的水准，才能体会到。以贾岛和韩愈为例，贾岛因为把握不好在诗里到底是用"推"好，还是用"敲"好，冲撞了韩愈的仪仗队，本该受罚。好在韩愈不仅有文化，也有素质，没和他计较，还帮他确定了用"敲"字好。其实类似的事情贾岛之前也经历过，结果被相关部门拘留了 24 小时。在不懂诗、不爱诗的人看来，为了一首烂诗中的一个破字，绞尽脑汁，还被拘留了 24 小时，这简直是自讨苦吃，没事找事。但在诗人眼里，这非但不是一首烂诗，一个破字，而是他的灵魂所在。这个过程在旁人看来很苦，很无聊，在诗人则是莫大的冲动和燃烧，一旦达到燃点，会感到无比的兴奋和甜蜜，而且这种兴奋和甜蜜是多少钱都买不到的。能够从一般人认为的苦中，品出甜来，那不仅需要境界，还要有相应的能力。就算是普通人，可以说，如果你能从苦中品出甜来，你便懂得了生活。

当然，不管你懂不懂生活，生活的苦一定是少不了的。家里家外、大事小情、天上地下、柴米油盐，只要你活着，还没麻木，苦就断不了，推都推不开。为什么？因为众生皆苦，苦是人生的标配。

有人说，身体上的病叫作痛，心理上的病叫作苦。也有人说，说不出来的才叫苦，能说出来的就不叫苦。意思差不多，苦是心理的问题，跟肉体没关系。事实上的确如此。往更高层次上讲，吃苦就是吃补。只要我们能在心理上战胜它，冲破苦关，就能化苦为乐，化苦为补药。

以北大人为例，不管是老师，还是学生，很多人都有熬夜的习惯。这是因为在学生时代，他们的凌晨时光永远灯火通明。他们这么拼是为了什么？为的是超越别人，也超越自己，为的是一个精彩纷呈的未来。当未来成为事实来到面前之后，他们发现，这种精神已经进入了自己的骨子里，再难改变，也没必要改变了。

我们来看看任继愈老先生的故事：

20 世纪初，任继愈出生在山东平原县的一个小村子里。几岁时，便由爷爷带着，摇头晃脑地读《诗经》《春秋》《三国志》等古籍。一天，任继愈问："爷爷，你让我读的这些书，我都不明白里面的意思。有时似乎明白一丁点，可一合上书又忘了，这样读书有什么用呢？"

爷爷没有直接回答，顺手拿过一只装煤的篮子，吩咐他："去河里打一篮子水回来。"

用篮子当然不可能打回水来。任继愈提着滴水的篮子回到爷爷面前，一脸不解。爷爷看看篮子，微笑着说："你跑快点儿就行了。"任继愈又试了一次，但他加快了速度，水依然漏完了。他对爷爷说："篮子打不了水。"说完跑到屋外，提来一个水桶。爷爷却说："我不要一桶水，我要一篮子水。你再去试试看。"小孙子只好又试了一次。当然，还是白费力气。任继愈喘着粗气对爷爷说："可别让我再试了，这根本没用。"

"你真的认为一点儿用也没有吗？"爷爷微笑着说，"你看看这篮子。"任继愈仔细地看了看篮子，发现它与先前相比已经有了变化：早先黑乎乎的篮子已经变得非常干净，连提手也变得更亮了。

"孩子，这和你读那些书一样，你可能只记住了其中的只言片语，意思或许理解不了，但是，在你读书的过程中，那些文字，以及你读书时的气氛，会影响你，会净化你的心灵。"

任继愈记住了这句话。后来，他一直本着这样的信念，努力学习，刻苦攻读，于1934年考入北大哲学系，之后又考取了西南联大北京大学文科研究所第一批研究生，攻读中国哲学史和佛教史，毕业后在北大哲学系任教，历任讲师、副教授、教授、国家图书馆馆长、名誉馆长等，并于1964年筹建了国家第一个宗教研究机构——中国科学院世界宗教研究所，任所长。

他一生勤勉，兢兢业业，北大精神在他身上展现得淋漓尽致。他几十年如一日，每天早晨四点起床，一直工作到晚上八点。已过耄耋之年，他仍然主持编撰了总字数过一亿的《中华大藏经》。年逾九旬时，他仍然对自己的学生尽心尽责，仍然会一字一句地去修改学生的论文和出版物，连标点符号都不放过。直到去世前两个月，他还坚持到国家图书馆去上班。

"知识分子要把知识奉献给人民"——这是任继愈先生的名言。联系前面所述，我们不得不说，像任老这样的人，才是真正的人上人。他让我们明白，人生的意义在于奉献，在于奋斗。命运或许是不公平的，但时间是公平的，努力总会带来改观，量变才能带来质变，要想出头，必先埋头，吃得苦中苦，必成人上人！

2. 挺住，在未来到来之前

1967年，美国心理学家塞利格曼做过一个经典实验。他把一只狗关在笼子里，旁边是一个蜂鸣器，只要蜂鸣器一响，就加以难受的电击。狗因为关在笼子里，逃避不了电击，但起初它会在笼子里左蹿右跳。多次实验后，狗学会了屈服，只要蜂鸣器一响，狗马上倒在地上，开始呻吟和颤抖。再后来，就算把笼门打开，狗也不会想到逃跑，只会绝望地等待着痛苦的来临。这种状态，在心理学上叫作"习得性无助"。

"习得性无助"适用于所有的动物，也包括人。1975年，塞利格曼找来一群大学生，把他们分为三组：让第一组学生听一种噪音，这组学生无论如何也不能使噪音停止。第二组学生也听这种噪音，不过他们通过努力可以使噪音停止。第三组是对照组，不给受试者听任何噪音。当受试者在各自的条件下进行一段实验之后，立即令受试者进行另外一种实验：实验装置是一只"手指穿梭箱"，也就是说，当受试者把手指放在穿梭箱的一侧时，就会听到一种强烈的噪音，放在另一侧时就听不到噪音。实验结果表明，在原来的实验中，能通过努力使噪音停止的受试者，以及未听噪音的对照组的受试者，他们在"穿梭箱"的实验中学会了把手指移到箱子的另一边，从而使噪音停止。而第一组受试者，也就是说在原来的实验中无论怎样努力也不能使噪音停止的受试者，他们的手指仍然停留在原处，听任刺耳的噪音响下去，手指却一动不动。

后来，塞里格曼和他的同行们又进行了很多相关实验，用以证明"习得性无助"对学生的学习及今后的工作、生活有着巨大的消极影响。事实表明，因"习得性无助"而产生的绝望、抑郁、意志消沉等心灵偏差现象，是许多心理和行为问题产生的根源。那些曾经努力过，也曾经洒过汗水，但无论怎么努力仍然常常失败，很少，甚至从没体验过成功的欢乐的学生，最终会对自己的现状做出一个不正确的归因：我天生愚笨，智力低下，学习能力不强，不是学习的材料，进而放弃努力，举起白旗。还有另一部分学生，他们同样努力过，也曾经取得过自认为可以的成绩，但是往往不如他人，因而很少得到师长的表扬，长期被忽视，便逐渐丧失了自尊心，变得破罐子破摔起来。这两类人构成了"习得性无助"的学生的主体。

"习得性无助"这个词的关键点在于"习得"，也就是说，上述两种学生的无助感与失尊感，都是后天"习得"的，而不是天生的，它是经过无数次的重复、无数次的打击以后，慢慢养成的一种消极心理状态。当你听到一个人说"我的理想已经被现实磨平了""现实带给我的是一次次打击"等消极言论的时候，你就应该明白，他已经走进了"习得性无助"的陷阱了，不管你是他的家长、老师，还是他的朋友，都应该给予及时的帮助与引导了。

如何帮助？如何引导？

告诉他——挺住！

《挺住，意味着一切》，这是85后励志作家赵星的作品。此外，她还写过畅销书《从北京到台湾，这么近，那么远》，还是开复学生网成长顾问、"星光成长计划"创始人。这一切，都源自她人生中的一次重大转变，也就是大二时从辽宁省渤海大学来到北大读书。

在接受记者采访时，赵星直言："我看过一篇文章，说'宁做凤尾，不做鸡头'，意思是你如果只在鸡群里面混，那做到鸡头就已经达到顶端了，可能你就没有什么进步了。而如果你是凤尾，其实凤尾都比鸡头漂亮，那你的周围都是有很高水平的人，而你处在凤尾的位置，能帮助你感受到自己的差距，这样会有一个更广阔的上升空间。说这句话是轻松的，但是说这句话的人没有考虑到之后会发生的事情。你只有先做了鸡头，才能去做凤尾，并尝试着去做凤头，而不能连鸡头都还没有做到，就想挤进凤凰的队伍里。我考进渤海大学时比它的录取分数线高了100多分，我当时在学校就已经是第一，已经是鸡头，学校觉得你需要更大的发展空间，所以才送我来到北大。可是你去了北大，北大的孩子们一定会跟你玩儿么？我们当时几个同学在北大压力就很大，还不只是学习上的压力。我们去食堂买饭，就得等本校生买完菜了才可以去买，学校要优先保障本校生的利益。就学习上来说的话，你也有很多东西都不懂，他们和你不在一个水平线上，和你聊什么呢？我高中的时候一个年级有九个班，一到八班都是正常的，九班是托关系花钱进来的，成绩都很差，我们都不会跟他们玩。他们班只有一个人成绩比较好，后来到哥伦比亚大学读书，我们当时也只稀罕他一个人。"

赵星自述，在大学期间，大部分时间她都是自己一个人吃饭、上课，没有女生们常见的三两成群。毕业时，她也面临过考研还是工作的纠结，最后出于家庭经济和责任考虑，赵星选择了工作。因为她的父亲在她高三的时候就不幸去世了，母亲一人承担起家庭的重担。虽然赵星放弃了考研，但她并不鼓励大学生本科毕业就急于找工作，而是希望每个人都认清自己的实际情况，并考虑家庭。当被问及"如何看待被一个目标鞭策着的生活""会不会觉得，这种生活容易让人忽略生活中其他很多东西"时，她回答："你不能什么都要呀，既要玩得开心，又要各门功课都很优秀，这是少数。中国30多个省，每年有60多个高考状元，有几个是既玩得很开心又学习好的？不排除这样的少数天才，但始终是少数，大多数人是无法达到的。你想要什么，就必然会损失掉其他一些东西。"

赵星还写过一篇文章，叫《任泽平如何十年从月薪6000到年入1500万》，里面写道：

这几天谁最火？要数恒大的一纸年薪1500W的offer得主任泽平。不过据说这还只是恒大高管层里的最低价而已。网友纷纷露出了酸表情，觉得税后还不知道有多少呢！不过即使税后的月薪，也比一个中产的年薪还要高。很多人翻看任泽平的经历，认为是因为学历高。名校的背景确实很重要，但除此以外，一个人用十年时间，薪水翻了208倍，不仅仅是"名校"一个头衔就能解释得了的，更重要的是精神和品质。任泽平的奋斗史网上几乎没有，但看到他之前的辞职信里的一段话，对这个人的坚毅的性格可见一二：

"荣誉的背后，是团队成员巨大辛勤的付出，建立了完整的研究框架、数据库以及报告体系，3年多来推出报告1000多篇，勤勤恳恳跑调研路演，飞行270多次、40万公里。"

"从年初开始，争取每天跑步10公里。哪有什么天生如此，只是我们天天坚持。自律给我自由。只要保持对学习、锻炼和工作的热情，心态将永远年轻。只有拥有旺盛的精力和强大的内心，才能经得起世事的磨炼。那些未能打败你的，都将使你更强大。只有百折不挠的翅膀才能凌空翱翔，只有闪耀着人性光辉的笑容才是最美的。"

恰如赵星所评价的，"不说别的，每天坚持10公里这一件事儿，大部分人就做不到"；也恰如任泽平在另一封辞职信中所说的，"人生最大的对手是自己，无我不执"，属于奋斗的路都不会太平坦，太平坦的路注定风景平平。既然选择了自己想要的，就勇往直前。清华北大也好，大专技校也罢，甚至高中毕业后直接走上社会的朋友，都免不了吃苦，但只有少数人懂得以苦为乐，并最终从苦里面品出甜来。

第八份礼物：与时俱进

1. 与时俱进，与时偕行

"与时俱进"这个词，最初是由蔡元培先生提出来的。1910 年初，他在撰写《中国伦理学史》时，针对清朝末年中国思想文化界抱残守缺、固步自封的局面，并通过中西文化对比，指出"故西洋学说则与时俱进"。追溯起来，他是把之前散见于中国古书中的"与时偕行""与时俱化""与时俱新"等说法综合为"与时俱进"。但不管怎么说，"与时俱进"与"兼容并包、思想自由"等同为北大精神的重要组成部分，是毫无疑问的。

所谓"君子务本，本立而道生"，在这个全球化浪潮与各种思潮汹涌而至、相互碰撞的时代，我们固然要更加务本，也就是坚守核心价值观；同时，也恰如著名北大校友、"五·四"运动的学生领袖和命名者、思想家、教育家罗家伦先生在《写给青年》一书中所说的，"我们不能背着时代后退，也不能随着时代前滚，我们要把握住时代的巨轮，有意识地推动它"。

这种意识渗透在了罗家伦的思想深处，方方面面都有展现。

比如，还在北大求学期间，他就深受蔡元培校长影响，兼容并蓄，只要是有见解的教授，无论哪个科系，即使是守旧派大师，他也会去听课。当时老复辟派的辜鸿铭在北大讲授英国诗，并且把诗分为"外国大雅""外国小雅""外国国风""洋离骚"等，罗家伦屡屡"在教室里想笑而不敢笑"，但他对于辜鸿铭仍是非常欣赏，并未以片面之言而废人。

再比如，第二次世界大战结束之后，罗家伦就任中国驻印度大使时，印度领导人尼赫鲁曾就印度国旗的图案请教罗家伦。尼赫鲁等人倾向于沿用圣雄甘地"不合作运动"时代所用的旗子，它以绿、白和橘红三横条为底，中间安放着甘地实践土布运动的纺车。对此，罗家伦委婉地说："国旗图案，贵在简易。甘地的纺车虽然简单，但构件复杂，不易标准化，推行起来很不方便，这是我所持的第一个理由；其次，我知道甘地抵制英货的纺织土布运动，自有印度独立史上的意义，可是印度要建国，必须要现代化，断不能停滞在手纺脚勾的原始土布纺车上，那个时代已经过去了，就是在当时，土布纺车也不过起到了有限的作用，何必把它延长到重建印度这样的大事上？这是第二个理由。至于第三个理由，我认为不如将你们历史上和艺术上著名的阿育王轮，放在旗子中间。阿育王轮虽有许多轮齿，但是容易绘制，而且富于含义，更易普及。再说，阿育王轮的历史性岂不比土布纺车更为悠久？"今天，大家去看看印度的国旗，中间正是阿育王轮的图案。

我们再来谈谈另一位著名北大校友、诺贝尔医学奖得主屠呦呦及其团队，与中医中药的与时俱进问题。

2019年8月，世界人工智能大会在上海举行。会后，屠呦呦的团队成员廖福龙在面对记者采访时表示，人工智能与中医药的结合有许多可以探索的方面：一方面，可以用人工智能模式采集与分析中医四诊（望、闻、问、切）的数据，以提高诊疗的精准度。另一方面，也可以尝试把人工智能技术运用在预防疾病的发生方面。此外，还可以做更多人工智能方面的尝试，通过云计算、云数据、5G联网等技术，把一个个独立实验室获取的信息拿到一个平台上进行综合分析。

消息一出，毁誉参半。

有人马上跳出来说："不管什么人物美化中医，也无论西方如何捧杀中国，中医就是有意无意的骗子！这句话永远是真理！""还要用AI分析望、闻、问、切，提高中医诊疗精准度，那岂不是承认现在中医看病不准？""这就是瞎搞，中医中药本身要退出舞台，现在却借助高科技装神弄鬼，照这样下去用AI算命，指导人坑蒙拐骗的未来之路也不远了……"

　　只能说，这些人的脑洞足够清奇。中医与时俱进难道也错了？在西医学为主导的当下，中医还有庞大的群众基础，难道是靠了一个"骗"字？中医博大精深，真不是那些不学无术的人能够理解的。再者说了，人家只是说"有许多可以探索的方面"，探索，也不行吗？

　　事实上，对于中医的质疑也好，对于屠呦呦及其团队的抨击也罢，都是外行在批评内行。即使到现在，还是有许多人不承认青蒿素与中医有关。比如有的人说："青蒿素是化学分子式，研究、提取、临床的方法完全是西医，为啥硬要和中医搅在一起？""青蒿素是利用现代科学，而不是用阴阳五行，四气五味等中医理论提取的。以博大精深自称的中医何时有这样的内容？中医只是提供了一个偶然的灵感。"其实，只要敞开怀抱，理性看待，就会知道中医与西医，都是开放包容，与时俱进的，都是日积月累的结晶。有着几千年甚至更久远历史的中医药理论一直在与时俱进，不断完善。西医时间稍短，但也有近500年的发展史了。如果你抱着批评的眼光去寻找材料，则到处都是批评的材料，西医也不例外。但这对于人类的健康事业有何益处呢？还是屠呦呦说得好："中西医药各有所长，二者有机结合，优势互补，当具有更大的开发潜力和发展前景。青蒿素的成功是中西医互相配合的胜利，是中西医有机结合的产物，既是中医的荣耀，也是西医的光彩。青蒿素研究的初衷，不是为了给人留争论的由头，而是为了对抗威胁人类健康的疾病。"青蒿素的发现已惠及了全球数亿人，挽救了无数的生命，这样就够了。屠呦呦最终获得了诺奖，也正是对其贡献的最高肯定。

　　那么，为什么时至今日，还会有那么多的人在那么多的问题上胡说八道、大放厥词？一是无知者无畏，二是专业评论需要专业学识，三是大部分人的学习大多止步于教科书与通识教育。所以在刚刚过去的北大毕业典礼上，著名校友钟南山院士在发言时说："大学毕业，是一个阶段学习的句号，但学习是一辈子的事，我现在也在学习。"
我们又有什么理由，不与时俱进地学习呢？

2. 放下包袱才能更好地前进

曾经在网上看到过一个小故事：

古时候，有个年轻人去旅行，途中遇到了大洪水。年轻人所处的地方充满了危机，但要能设法渡河，就可以化险为夷。他很想渡河，附近却无船无桥，他只好采集树枝，扎了个简单的木筏，顺利登上了彼岸。上岸后，他想："这个筏子真是太有用了，这么丢了太可惜了，我不如背着它走吧，以后再渡河就不用着急了。"于是这个年轻人就背着他的木筏赶路，很显然，他走得越来越累，越来越慢，这种愚蠢的行为也招来了很多人的嘲笑。

这个小故事从侧面告诉我们，影响我们赶路的，恰恰是那些我们已经拥有的，过时的，但说什么也不肯割舍的东西。人为什么不能与时俱进？要么是心里背着包袱，要么是意识里扛着筏子，或者干脆想把整座桥打包扛着前行，总之走不出舒适区。

所谓"舒适区"，是指心理学上的"舒适区"概念。待在舒适区的人并不是真的舒适，只是一种习惯性忍耐。真正的学习与进步肯定要脱离舒适区，因为只有越过了舒适区，你才会不习惯，才会恐惧、焦虑、不安，才会想要通过进一步学习来重塑自己，适应或改变环境。

人，最舒适的时候可能是胎儿时期。那时我们还在妈妈的肚子里，连着脐带，不会饿到，不会渴到，四周还充满温暖的羊水，不用担心冷与热，再加上妈妈刻意的保护，一切都特别安全、安静、舒适。当我们出生的那一刻，我们哭了，因为这个崭新的环境相比之前实在太恶劣了，空气是寒冷的，声音是嘈杂的，四周是空旷的，让人觉得很没有安全感。好在当我们饿了时，还有甘甜的乳汁。可是几乎就在我们刚刚习惯母乳的时候，我们又要断奶了，于是我们再次哇哇大哭。刚适应新的食物，又要练习自己走路，习惯了妈妈的怀抱的我们倍感委屈，尤其是在摔跤时。刚刚学会走路、说话和吃饭，又被送进幼儿园。刚刚习惯了幼儿园，又要进入小学，然后是中学、大学、工作……

伴随着舒适区不断被打破，痛苦一个接着一个。然而，也正是因为舒适区不断被打破，我们才得以不断地成长。人可以不成功，但不能不成长。不从内心真正成长的人，活多大，都是巨婴。而所谓巨婴，实质上不过是一些明明已经长大，但始终不肯跳出儿时的舒适区的人。

同样，当我们长大后，如果觉得自己很长一段时间都很舒适，或许你已经停止了成长。这时候，就不要享受这种舒适，而要勇敢地走出这个所谓的舒适区，去寻找真正意义上的舒适区。

对沉溺于舒适区的人来说，现状是不是真的舒适并不重要，重要的是尽可能地保持现状，维持一种现状还算不错的感觉。为此，他们会自然而然地拖延、懒惰、逃避、保守，如此一来，他们的舒适区势必越变越小，慢慢地自己也会觉得迷茫、无助和自卑。但因为已经习惯了这种心理模式，所以不是逼上梁山，很多人都缺乏纵身一跳的勇气，最终如同温水里的青蛙，再也无法逃离。

很多人喜欢讨论命运，其实很多时候命运就是一种惯性，成功或者沉沦，就在一念之间。

命运的真相其实是自然选择，而自然选择是一只看不见的手，选择了生物的进化，也选择了人类的进化和民族的进化。只有具备符合自然选择的基因，才有可能生存并延续。而且时至今日，它早已跨越了 DNA，侵占了我们的认知水平和学习能力。展现在历史上，就是有些民族消失了，有些民族愈发强大。呈现在生活中，就是起点完全相同的两个人，有的人能迅速脱颖而出，有的人却迟迟跳不出瓶颈。

有的时候，我们喜欢舒适区，不肯与时俱进，不过是基因作祟。当我们还处在原始社会时，"舒适"这个词的背后，还包含着减少能量消耗、安全等内涵。但在今天，如果还机械地执行基因的命令，就会格格不入。英国哲学家邱斯顿说过："天使之所以能够飞翔，是因为他们有着轻盈的人生态度。"对事、对物，如果做不到潇洒、轻盈，那么我们越是想要控制的东西，就越是会反过来控制我们。做人，就应该拿得起放得下。有些人放不下，不等于他不需要放下。有些人行动上放下了，心里却依然放不下。这样的人，属于不成熟的人。

来看看著名北大校友王强的经历。

王强毕业于北京大学，是新东方"铁三角"之一。毕业之后，他在母校任教6年，工作稳定且令人羡慕。但就在这个时候，他放弃了北大的教职工作，也放弃了自己最为得心应手的英语，选择自费去美国留学，转攻IT。前者让人惋惜，后者让人费解。后来王强解释，当时选择学习计算机，是出自生存的需求："要在美国长久待下去，首先要解决生存的问题，这个最基本的问题逼着我做出了一个选择，从人文研究转向实用的学科，因为这样容易就业，解决温饱问题，然后回过头来再思考我的人文问题，这样也不晚。于是我做出了一个非常痛苦的决定，但是这个决心一下，我就比较坚决，要改学计算机。因为人不能光有梦想，那会变成噩梦。梦想的意义就在于哪怕最微小的部分是不断能够实现的。"

顶着外人无法想象的压力，王强放弃了学者光环，朝着新的目标努力。4年后，王强从美国纽约州立大学计算机科学专业硕士毕业，并且获得了软件工程师的职位，后来又进入贝尔传讯研究所工作，还获得了该研究所的部门成就奖——这总可以了吧？远远没有。当俞敏洪向他发出回国创业的邀请，他再次放弃了新的成就，再次选择了重新开始。创业成功之后，他又和小伙伴徐小平一起做了天使投资人，投入自己从未涉及过的创投领域。以后，他还会尝试什么呢？谁也说不准，因为北大人就是这样，与时俱进，永不停歇。想赢，就一定不能怕输。当我们为不得不失去一些东西而纠结的时候，不妨想想以王强为代表的北大人，他们永远会毫不犹豫地选择后者，因为他们可以很好地面对失去。他们很清楚，这不过是人生的又一次经历而已，有了这些经历，人生会更完满。

第九份礼物：通权达变

1. 会走直线，也会拐弯

《庄子》中有一个寓言：

宋国有个老汉，他养了一大群猴子，对猴子的脾气秉性了如指掌，猴子也能听懂他的命令和话语。但由于猴子养得太多，而且它们不吃一般的粮食，只喜欢吃橡实，老汉家的经济日益窘迫。这天，老汉想限定一下猴子们的食量，便对它们宣布："从今天起，你们每天早饭只准吃三个橡实，晚上能吃四个，怎么样，够了吧？"猴子们听了，一个个龇牙咧嘴的，上蹿下跳，很是不满。老汉见猴子们嫌少，便重新宣布："既然你们嫌少，那就早上四个，晚上三个，这样总行了吧？"猴子们听说早饭从三个变成了四个，都以为是增加了橡实的数量，一个个摇头摆尾，咧嘴直乐。

这就是成语"朝三暮四"的出处。现代人往往用"朝三暮四"来形容一个人反复无常，然而庄子的本意是要通过它来告诉我们，看事情要看整体，要看本质，要看终极目标，而不能被类似"早上四个，晚上三个"之类的形式差异所迷惑。

不用我们多说，大家也都知道，生活中多的就是那种"朝三暮四"绝对不行"朝四暮三"却可以商量的人。用他们的话说就是，我不蒸馒头争口气，我不吃花卷我就较那个劲儿，要不然我干脆买块儿豆腐撞死……事情大不大不重要，重要的是面子，面子大于天。

其实，真正的高人是不太在意这些的。他们会走直线，也会拐弯。他们知道有些事情需要进取，有些事情需要换一种方式进取。必要时，不仅要会拐弯，还要会后退。不然，怎么面对人生的坎坷和风风雨雨？

季羡林老先生就是这样一位高手。他从小品学兼优，精通英、德、法等数门外语，尤其是在吐火罗文方面，他更是仅有的几位精通此语的学者之一。回国后，他先后在中科院、聊城大学、北京大学担任要职，还曾担任北大副校长。可以说，直到"文革"之前，他一直都很顺利。可是浩劫来了。他在《牛棚杂忆》中提到，自己被打倒后，参加的劳动工种非常多，包括搬耐火砖、拔钉子、运沙子、运煤、运石头、挖稻田、修房子、拔草等。"文革"进入尾声时，总算分配了一个好差事给他——当门房，也就是看大门，兼管传电话和收发信件与报纸。他认为大丈夫能屈能伸，而且从中发现了很多好处，包括没有任何外在打扰，每天步行有益健康，又没有教学工作与科研任务等。与此同时，他还主动找事情做，让自己的生活更有意义。这大门一看就是三年，三年时间里，他完成了印度史诗《罗摩衍那》的翻译工作，别的不说，仅字数就有 280 万！

人生就是这样，恰如北大历史系教授柯伟林所说，"不能弯曲的树易折，不会弯曲的人常败。智慧如水，随圆就弯。有时候，前面的路看似堵塞了，但实质上通往前方的路不止这一条，只要有智慧，懂得弯曲、变通，就不会碰壁，就总是有康庄大道摆在面前"。

北大校友、百度总裁李彦宏说过，"人生可以走直线"，确实，可是别忘了，每个人的人生，都要经过很多岔路口，能走直线最好，不能走直线的时候，也要学会迂回。

很多时候，不仅人生需要拐弯和迂回，就是做学问、搞研究，也要有变通意识。曾经看到过这样一个故事：

多年以前，一位英国考古学家在挖掘特洛伊古城遗址时，发现了一面古铜镜，铜镜背面镌刻着一段古怪难懂的铭文，他穷尽毕生精力，也请教了不少古希腊文专家，都无法破译铭文。后来，考古学家逝世了，这面镜子就静静地躺在大英博物馆里。

转眼过了20年，这天，大英博物馆来了一个英俊的年轻人，他在博物馆馆长的陪同下，径直走到古镜前，在工作人员协助下打开柜子，取出铜镜。然后，年轻人从身上取出一面普通的小镜子，对准古镜背后的铭文，转头对馆长微笑道："看，这面古镜背后的铭文其实并不难解，只是将普通的古希腊文按着镜像的图案雕刻上去而已。"

馆长扶了扶眼镜，凑过去一看，果然如此。然后，他仔细辨析镜中的文字，缓缓地，一字一句地读道："致我最亲爱的人：当所有的人认为你向左时，我知道你一直向右。"

据说，古镜中的铭文是当年引发了特洛伊战争的海伦写给她那苦命情人的。是与不是，其实并不重要，重要的是我们每个人都有陷入困境的时候，这时候我们固然需要别人的理解与支持，但更重要的是自己静下心来，想想自己是不是搞错了方向？爱默生说过："宇宙万物中，没有一样东西像思想那样顽固。"不敢在思维上越雷池一步的人，永远也走不出雷池。而一旦突破了思维的禁锢，人生将变得无比自由。

诸如"思维决定一切""有思路才能有出路"之类的话，我们经常听到，也很少有人不知道，在竞争日趋激烈的当今社会中，我们要想更好地生存与发展，就必须让自己的脑筋更为灵活。如何让自己的头脑更为灵活，更加开阔？思维训练是必要的手段。

先来看一个思维命题：

"树上有三只鸟，猎人开枪打死了一只，请问还有几只？"

这是一道经典的"脑筋急转弯"题，受过填鸭式教育训练的人很快会算出结果：三只减去一只，还剩两只嘛！但是，受过思维训练的人会告诉你，一只也没剩下，因为另外两只被吓得飞走了。其实，答案也可以是两只，因为猎人的枪可以装上消音器。

　　还有人做过这样的试验：在黑板上画一个圆圈，问大学生画的是什么，大学生的回答很一致："这是一个圆。"同样的问题问幼儿园的小朋友，得到的答案却五花八门：有人说是太阳，有人说是皮球，有人说是镜子……大学生的答案当然很正确，从抽象的角度看确实只是一个圆。但是，比起幼儿园的孩子来，他们的答案是不是显得有些单调呆板呢？幼儿园的小朋友的那些丰富多彩的答案，是不是更值得我们喝彩呢？

　　心理学家认为，人类在四岁之前的思维是最活跃的，也是最具有开发潜能的。随着年龄的增长，随着知识的增加，人的思维反倒会逐渐被知识束缚住。人们思考问题的时候局限在常见的、已知的圈子里，不能想到更多的解决问题的方法。一旦现有的条件不能满足常规的解决问题的途径，人们就束手无策了。因此，我们需要不断对自己的思维能力进行训练，要诀就是"转弯"。

　　在众多形式的思维训练中，离我们最近的，我们最容易接触到的，是一些游戏类思维训练。这类型的思维训练命题所涉及的也都是我们在日常生活中所遇到、所思考和所要解决的问题，不仅有非常感性的生活常识性问题，也有关于人生存的价值、意义、情感、心理、信仰以及交往关系等一系列较为实际的问题。我们熟知的谜语、迷宫、棋术、操术、算术等，都是它的普遍形式。

　　以谜语为例，在古希腊神话中，有一个狮身人面兽叫斯芬克斯，它守在路口让过路人猜谜语，猜不中者就要被它吃掉。这个谜语是："什么动物早晨用四条腿走路，中午用两条腿走路，晚上用三条腿走路？"很多人都猜不出答案，大家只好绕道而行。后来俄狄浦斯猜到了答案，谜底是"人"。斯芬克斯羞愧万分，跳崖而死。斯芬克斯以命抵偿谜底被揭穿的事实，暗示我们，西方人的祖先把思维能力看得比生命还重要！所以近现代科学在西方萌芽并且得以昌盛，原因恐怕就在于此。

2. 身体要灵活，头脑要通透

几年前，我看过一部纪录片，其主旨是通过一系列对比测试，了解包括中国武术在内的世界各民族武术的杀伤力，包括泰拳、拳击、跆拳道、空手道等。也许是少年时看武侠小说太多受了影响，测试结果令我很不爽。

首先，在力度方面，参与测试的中国武术家一拳打下去只有612磅，明显不敌空手道的直拳劲道（816磅）、跆拳道的拳劲（917磅），更不如老式拳击（1000磅）。

在腿劲方面，中国武术家使的是腾空双飞脚，力道接近1000磅；跆拳道中的后旋踢力道则超过1500磅，足以摧筋断骨。最厉害的是泰拳选手，他的"武器"是膝盖，力度有多大呢？用科学家的话说，被他的膝盖撞到，好比被时速55千米的汽车迎头撞上！

在速度方面，也就是中国武术一再提及的"唯快不破"，也稍逊于上述几种武术。

唯一让我觉得安慰的是，在最后一项测试中，中国武术总算拔得了头筹，那就是灵活性。

事实上，中国武术的灵活性也不仅限于纪录片中所提到的身体上的灵活性。中国武术，是中国传统文化与哲学观的体现，也可以说是中国先民基于自身特点的一种务实选择。黄种人在体质上本不能与白人、黑人相比，即使是在今天，去看看运动场上，一些与体力、体能有关的项目还大多被白人、黑人包揽或者说是垄断。中国人，或者说黄种人，占据优势的项目也大多是些技术性与灵活性兼顾的项目，比如一些小球类运动。

中国武术最早的雏形大概出现在战争中，因此中国武术在历史上有两个高峰，一个是宋朝，另一个是清末民初，因为这两个时期恰恰是中华民族饱受外敌凌辱的时期。所以中国武术有个特点，那就是不同等条件竞技，因此中国武术中产生了诸如空手与持武器的对手格斗的空手入白刃，躺在地上对付高大对手以及骑兵对手的地趟拳，以及让人防不胜防的暗器，猴拳中甚至还有类似抓土扬脸的无赖招数，它们充分反映了中华民族的一个特点，即通权达变、灵活机动。

中国人的整体思维是一个曲线性兼开放性，但又不乏内敛精神的思维特征，强调通权达变，法无定法。让中国人对一件事情表达自己的看法时，很多人的回答往往是"说不好"，其实他不是"说不好"，而是他觉得说好也不妥，说不好更不妥，只好模棱两可，看事做事。外国人就没这么复杂了，抛开一些无良政客与不良媒体，大多数人是好就是好，不好就是不好。买一件东西，小到几块钱的日用品，大到以万元为单位的采购，中国消费者即使明知砍价无望，也还是会习惯性地砍上一砍。如果有人看中一件商品立即啥也不说潇洒付钱，一般来说都会被人认为是冤大头。外国人做事，一般不外乎两种选择，要么锐意进取，要么颓然放弃。而中国人，尤其是成熟的中国人，讲究进可攻退可守，讲究此路不通绕道而行，讲究回旋余地，最起码也要做到全身而退，而当你认为他是真的在退的时候，他又有可能是在以退为进……总之，中国人很灵活，灵活到了一些外国人跟中国人打交道时往往摸不着边际的程度。

这种思维大概与我们的漫长的历史有关。站在大历史角度，不难发现，很多时候只有通权达变，才能使各方皆大欢喜。而由于直来直去、不谙变通之道引发激烈内耗，乃至两败俱伤者，比比皆是。

所谓性格决定命运，有些人做人不成功，办事不顺利，不总是与才学相关，还与性格有关。比如宋朝的王安石与司马光，这两位在道德上都没有大问题，学识人品都是顶格一流，起初二人关系还特铁，每有闲暇，二人便约上吕公著、韩维两位同僚，聚在一起谈笑风生，很少有外人能参与其间，时人称之为"嘉祐四友"。后来二人分道扬镳，应该说主要是王安石的责任。史料记载，二人曾同在包拯手下任职。有一日，包大人忽生雅兴，邀二人置酒赏花。两人平日都不喜饮酒，但领导兴致很高，频频相劝。司马光不好意思拒绝，勉强饮下，王安石却直到席散，一滴未饮！王安石的执拗由此可见一斑，所以他后来当了宰相，被人私底下起了个外号叫"拗相公"，并非没有道理。

但若就此认定王安石没有灵活的一面，就失之偏颇了。众所周知，王安石堪称中国古代的邋遢大王，而他的妻子偏偏是个有着严重洁癖的人。因此两个人每每合不来。有史料称，王安石退休后，家里原来借了一张官署里的藤床，王夫人不想还，公差们前来索取时，又不好意思跟王夫人说。王安石知道后，并没有批评夫人，而是故意光着脚在地上走了一会儿，然后装作不经意地站在了藤床上，接着又在上面休息了一会儿。王夫人看见后，立即命人将藤床送还给官署。王安石的做法，也算得上一种通权达变。同样是王安石，为什么在此处能想得如此周到，而在彼处就一定要执拗而不懂得团结大多数人？这个设问本身或许并不严谨，但仍然值得我们思考。

通透——这是时下一个热词。但是到网上一搜，首先冒出来的还是诸如"大三居南北通透"之类的消息，可见很多人也只是嘴上说说而已，真正遇事时，还是利益为重。如今，城里人也好，乡下人也罢，人们都想方设法住大房子，那样住起来舒服、敞亮。但事实，真正心里敞亮的有多少呢？敞亮跟房子无关。古代的隐士，小小茅屋，一眼清泉，足矣。当然，住大房子没什么不好，但推而广之，在住大房子的同时，为何不把心房也扩大些呢？把心灵拓宽为一片草原，给善良多划一些地盘，长满庄稼和森林，百草丰茂，何乐而不为呢？可现实中往往是，人住的房子越大，心灵的面积反而越小。

让我们回到学习这个主题上，毕竟这是北大最亮眼的标签。学知识也好，做学问也罢，同样离不开这种通透气儿。著名美学家、执教北大多年的朱光潜先生就是这样一个通透的人。在做学问上，他曾经说过："有些人天资颇高而成就则平凡，他们好比有大本钱而没有做出大生意，也有些人天资并不特异而成就则斐然可观，他们好比拿小本钱而做大生意。这中间的差别就在努力与不努力了。"但努力就足够了吗？不。或者说，这过于笼统了。朱光潜先生又说："我所说的话都是你们所能了解的，但是我不能勉强要你们全盘接受。这是一条思路，你们应该趁着这条路自己去想。一切事物都有几种看法，我所说的只是一种看法，你们不妨有自己的看法。"没有自己的看法，还谈什么做学问呢？通透的人，起码要有丰富的知识与全方位的思考。

在生活中，朱光潜更加通透。他乐善好施，家门大开，不问得失，完全是一位打碎了算盘的人。当时，有不少家境贫穷的学生时常到先生家去索要钱票，先生从未让一个人空手而回。

还有一件轶事：朱光潜晚年时，经常坐在北大某个角落，看到学生走近，就挂起拐杖，慢慢递过一枝盛开的花朵。很多同学被吓坏了，赶紧加快脚步，慌张跑掉，完全不知道这就是名满天下的美学大师朱光潜，更不懂个中况味。怎么说呢？没有一点儿浪漫情怀，文学也好，美学也罢，终不能登堂入室。

早年，朱光潜还遇到过这样一件事：

1931年，还在欧洲留学的朱光潜出版了一本畅销书，叫《给青年的十二封信》，书中畅谈了读书、写作、动与静、学生与社会运动、多元宇宙、升学、情与理、人生等话题，中西合璧，备受欢迎。5年后，已经回国的朱光潜在写作《文艺心理学》等专著之余，又写了一本小册子叫《谈美》，出版时，《谈美》的封面上附注有"给青年的第十三封信"字样，相当于《给青年的十二封信》的续集。书出版之后，同样受到了广泛欢迎。

可是不久，上海书摊上便出现了一本署名"朱光潸"，题目为"致青年"的书。不仅书名接近，姓名几乎难辨，该书也有一个副标题："给青年的十三封信"，与朱光潜先生的著作的副标题只少一个"第"字，打眼看去没有什么分别，封面设计也照抄。以至于当朋友把这本书寄给朱光潜时，他本人也以为是自己的作品。待看清楚后，他才给这位"朱光潸"先生写了一封信。首先，他请"朱光潸"原谅自己，"竟然把你的书误认为是自己的书，实在不应该"。接着又说："光潸先生，我不认识你，但是你的面貌、言动、姿态、性格，等等。为了以上所说的一点儿偶然的因缘，引动了我很大的好奇心……不认识你而写信给你，似乎有些唐突，请你记得我是你的一个读者。如果这个资格不够，那只得怪你姓朱名光潸，而又写《给青年的十三封信》了！"最后，朱光潜将自己写《给青年的十二封信》时的情形略做回溯，认为自己当时并没有什么水平，只因坦坦荡荡，自然流露，才受到青年们的喜爱。其潜台词则是说，做人要坦荡厚道，不能靠着搞"朱光潸"这样的把戏过活，否则就算一时得逞，恐怕误了大好人生。信的落款也很有意思："几乎和你同姓同名的朋友。"由于没有准确地址，自然无法寄出，后来在《申报》上发表，也不知那位"朱光潸"看到后做何感想。

说白了，通透也要有个限度，不能没有原则。

第十份礼物：诚外无物

1. 像爱护眼睛一样守护诚信

2013年5月15日，在北京大学，展开过一场"科学、文学与艺术"的巅峰对话。三位嘉宾分别是绘画大师范曾、科学巨匠杨振宁和著名作家莫言。对话过程中，三位大师妙语频出，充满着智慧与光华，博得了阵阵掌声。

最后，三位前辈还分别以一句话勉励年轻学子：莫言——青春万岁；杨振宁——自强不息；范曾——诚外无物。

下面，我们就来好好谈谈"诚外无物"。

范曾老先生说，他选择弟子，首先考虑诚实。我估计这也是每个为人师者对弟子的最低要求。道理很简单，弟子不虔诚、不诚恳、不诚实、不诚信，难成大器不说，还容易走上歧途，进而给老师本人及社会造成伤害。一般来说，老师的水平越高，受连累和受伤害的程度往往也越大。这样的例子在现实中、历史上、文学作品中都不少。比如金庸名著《连城诀》中，最先得到"神照功"及"连城诀"的梅念笙，武功不可谓不高，但就是因为摊上了三个心怀鬼胎的徒弟，最终死在了徒弟手中不说，还引起了江湖上一场腥风血雨。主人公狄云，虽然因心诚，结局还算不错，但在故事落幕之前，也称得上磨难重重，几度痛不欲生。

事实上，诚实与否，绝不仅仅是大师们收徒弟的底线。社会上的每个人，无不希望自己所结识的人、交往的人，都诚实无欺、表里如一。不诚实的人，尽管未必就是骗子，但除了一些别有用心的人，绝没有人愿意发自内心同他交往。这正是《三国演义》中刘备所说的："圣人云：自古皆有死，人无信不立。"诚信是一个人安身立命的根本，也是交际的客观需要，个人也好，团队也好，国家也好，只有讲诚信，才能构筑正常的交往平台。如果一个人不讲诚信，以奸狡为能事，没准则，没底线，没节操，无论他多么优秀，其成功的概率都必然大打折扣。当然他仍然有可能成功，但他的成功，则往往建立在别人乃至整个社会的受伤上。如果一个社会不讲诚信了，或者说诚信水平太低，那么国家的富强也不是不可能，但绝不会和谐，诚信缺失的危机，随时会引爆各种社会危机。

吕布称得上妇孺皆知的历史人物了。按照《三国演义》中的排名，他武功天下第一，其他方面也不太差，有"人中吕布、马中赤兔"一说。有人说他缺心眼，实际上，他固然比不上孔明，但也不是白痴，他只是架不住诱惑，往往为一些现实的小利蒙蔽心窍。结果先杀义父丁原，后来又杀了另一义父董卓，估计王允没有收干儿子的爱好，否则他难保不拜在王允膝下，杀之而后快。尽管如此，拜张飞所赐，其"三姓家奴"的外号还是叫开了，天下人皆知吕布是无信无义之人，最后被自己人反水，想在曹操手下混碗饭吃也已不能，身死白门楼。反观刘备，尽管他也算不上十全十美的信义之人，但至少还是讲诚信的，甚至可以说是三国时最讲诚信的人。由于总是"不敢失信于人"，这个在人生大部分阶段都不太顺利的落魄英雄，走到哪里都有人收留，都有人器重，都有人追随，最终在乱世中开辟了自己的事业，赢得生前身后名。

所谓"春秋无义战，三国无君子"，说到中国历史上真正的诚信之人，刘备远不是首选。那么刘备所谓的"圣人"孔子，算不算诚信之人呢？很遗憾，孔子虽然有不少关于诚信方面的名言，但具体案例史料中却鲜有记载。"诚外无物"这四个字的正式提出者，孔子的孙子子思，史料中也没有与"诚信"有关的具体案例。当然，史料上倒也没留下他们爷孙俩不诚信的记载。反倒是孔子并不看好的弟子曾子，为后人留下了一个颇为著名的典故，即"曾子杀猪"的故事：

有一天，曾子的妻子去赶集时，孩子哭闹着要一起去，妈妈就骗他说："乖孩子，不要闹，妈妈回来给你杀猪吃！"在那个年代，吃肉可是件非常不容易的事，孩子听了很高兴，便乖乖等在家里，眼巴巴地盼望妈妈早点儿回来。傍晚时分，妈妈倒是回来了，但根本不想杀猪，因为她本就是哄着孩子玩的。这下孩子又哭开了。这时曾子回到了家里，知道原委后，二话没说，进屋拿起菜刀，直奔猪圈。妻子赶紧拦住他，说："不过年不过节的杀什么猪啊？哄小孩儿的话，你也当真啊？"曾子却严肃地说："对孩子更应该说到做到，不然，不是明摆着让孩子跟家长学撒谎吗？大人说话不算话，以后有什么资格教育孩子呢？"妻子听后，惭愧地低下头，帮助丈夫一起把猪杀掉，让孩子吃上了猪肉。

　　在今人的眼中，曾子大体上是个不太灵活且有点儿迂腐的人。在孔子的众多门徒中，曾子也顶多算得上"中上之资"，武不如子路，德不如颜回，经商不如子贡，口才不如宰我，从政不如冉求，文学不如子夏……但是，颜回、子路皆早死，子贡又吊儿郎当，到最后，孔子不得不把自己的孙子子思托付给曾子，曾子不仅成了孔子之后最有影响力的大儒，还是儒学不可或缺的一环。因为子思后来收了个徒弟，那就是"亚圣"孟子，这就是一脉相承的儒家思孟学派。但话说回来，曾子对于孔子的学说更多的是继承，没有太多发扬与创新。还有人说，他的孝是愚孝，他的诚是迂诚，尤其是具体到杀猪这件事情上。客观地说，如果我们从做人做事的艺术性方面说，曾子的做法的确有点儿迂腐。但若站在德育的角度看，曾子的做法则必须予以认同。我们以往常说，做人要不拘小节，看人要看大面，但具体到现实生活中，就往往理论与实践脱节了。比如有一个人，他哪方面都不错，就是不太讲诚信，或者说他以往一直都很讲诚信，唯独有一次说话没算数，结果不管别人怎么看他，至少与他打交道的那个人，会对他产生不良印象。所以毋宁认为，曾子的用意在于让人们从根本上认识到诚信的脆弱性并尽力维护，是言行一致、大巧若拙的表现。也因此，尽管连孔子也认为曾参鲁钝（"参也鲁"），但能够一五一十传承圣人之大道的，只有曾参。

现实生活中，早已是一"鲁"难求，多的是各式各样的"聪明人"。就比如接电话，很多人张嘴就说，"我在外地呢，有啥事等我回去再说"，其实他根本就没在外地。这是诚信问题吗？好像不是，因为大家都这样呀。但本质上还是诚信有问题，人品有问题，尽管这问题看起来挺小，小到可以忽视，不过老百姓常说，"小时偷针，大了偷金"，小谎话说多了，也会成为习惯。到那时，即使没机会撒弥天大谎，至少也能达到传说中的"说瞎话不眨巴眼"的境界。

说到这里，又想起一句大俗话："冷尿热屁穷撒谎。"大意是说，一个人穷了，也就容易撒谎了。换言之，穷是撒谎的诱因。我们绝不能一叶障目。生活中确实有因为穷而不诚实的人，但富翁巨贾、高级官员，未必不撒谎。事实上，在撒谎方面，若论"质量"，往往非他们莫属。人穷未必志穷。唯一的共同点，是不管穷人还是富人，一旦他习惯了撒谎，他往往就会身不由己地撒一连串的谎，因为他必须不断撒谎，才能堵住因为不断撒谎导致的种种漏洞，才能"自圆其说"。这一点，柏杨先生曾经斥之为中国人的最大劣根性。你不能不认同这一点。

最后要说的是，"诚外无物"不等同于"做人诚实"，但不管它的内涵有多宽泛，"诚实"永远都是其根基、其根本。所以，关于它的拓展意义，我们姑且省略。等大家都做到了"诚实"这个大前提，再谈其他不迟。

2. 没有了真诚，一切都无从谈起

在20世纪50年代，北大有个叫赵鑫珊的学生。大三考试时，他因为成绩没过留级了，这本属平常，但他平时成绩非常好，怎么会考不过呢？辅导员找他谈话后才知道，赵鑫珊是故意的。他告诉辅导员，自己之所以故意考砸，就是因为自己觉得还不够资格毕业。多年以后，已经成为中科院教授、哲学家、作家、文学家的赵鑫珊，在《我是北大留级生》一书中说，"这是自己最得意和最欣慰的事情。""当年毕业时，故意考砸两门主课，留级一年，原因很简单，一是因为留恋北大图书馆，二是因为《战国策》中的一句话：'毛羽不丰满者，不可以高飞'。"所以，在进入大四之前，他选择了以这样的方式留在校园，继续学习和深造。这种行为在当时与现在，都是一个疯狂的举动，就算是在才子如云的北大，也堪称绝无仅有。

"毛羽不丰满者，不可以高飞"，说得多好，然而这个世界上多的就是才不配位与德不配位的人。

古人云："才不配位，必遭其累。德不配位，必有灾殃。"著名传统文化学者蔡礼旭先生在北大演讲时也说过："我们常说自己是'知识分子'，什么叫'知识分子'？学历高就是知识分子吗？不是的。其实每一个称谓的背后，都暗含着一种责任。"

如何避免德不配位？

说到底，还是一个"诚"字。

中国古人强调格物致知，让读书人研究自然和社会的规律，进而获得一种真知，即天道至诚，有了这种认识，你就会变得很真诚，一生务实。你把实事做出来，相应的头衔自然而然就属于你，这叫"实至则名归"。

所谓"古人诚不我欺""诚其意者，毋自欺也"，但凡传统文化入了门的人，都知道中国的学问是有台阶的，是分段位的，但多高的台阶，打基础的还是一个"诚"字，到了最高境界，无非还是一个"诚"字。

举个例子，王安石的儿子叫王元泽，他小时候就很聪明，有人送了王安石一只鹿和一只獐，由于这两种动物普通人不易分辨，送礼者就借机考王元泽："小朋友，你知道哪只是鹿，哪只是獐吗？"王元泽小朋友眼珠一转，立即答道："鹿旁边是獐，獐旁边是鹿！"大家听了都拍手叫好。但是，这并不代表王元泽就真的会区分鹿和獐。对普通人来说，这并没什么，有点儿类似的小聪明也没什么不好，至少是灵性的体现。但假设王元泽是位动物学家呢？这样不靠谱的回答肯定不会令您满意，还不如老老实实地"知之为知之，不知为不知"。

《礼记·大学》中讲："欲修其身者，先正其心；欲正其心者，先诚其意。"正心，指心要端正；诚意，指意要真诚。只要意真诚、心纯正，人就能不断完善自我，进而齐家、治国、平天下。现代人听到这样的话，可能会觉得夸大，其实我们也可以往小处说：哪怕是一个普通学校的普通学生，想学好自己的专业，不需要一点儿基本的学习态度吗？这点儿基本的学习态度，就是诚意正心。

北大清华也好，哈佛剑桥也罢，如果你真的在相应的学习氛围中感受过，你就会知道所谓的学霸，所谓的传奇人物，不过是一些拥有最虔诚的学习态度的人。因为虔诚，所以他们能够潜下心来，一步一个脚印，扎扎实实，直到把简单的事做得不简单，把平凡的事业做成不平凡，把不可能变成可能。

说到这儿，想到一句大俗话，叫"做一天和尚撞一天钟"，其实做和尚远不止撞钟那么简单，撞钟也不是谁都能撞得好的。禅宗有个典故，叫作"敬钟如佛"，说的就是有个小和尚撞钟时因为怀着无比虔敬之心，因此钟声不同凡响，老方丈深通佛法，一听就听出了奥妙。这个典故强调的是可贵的禅心，也是非常难得的学习之心与事业心。我本人就有一个朋友，他青年时期曾出过一段时间的家，后来又还俗了，为什么？用他的话说，太苦了，比在工厂上班还辛苦，除了开荒、种地、劈柴、烧水等，还要念经，打坐，还要学习怎么演奏佛教乐器。我的朋友说，管事的僧人让他学一种叫作小鼓的乐器，但他学了很久，还是乱敲一通。结果气得"领导"直接骂人："这玩意儿，就是拉一条狗来，它也不会敲成这样！"我的朋友也生气了，当天就脱掉僧袍，下山还俗了。

说到底，诚意正心是一种儒家的修行功夫。而说到修行，以往人们总是把它想得很"高大上"，其实所谓修行，不过就是修正自己的言行的意思。一个人如何才能修正自己的言行呢？还得从心里做起。心里要是不想改，言行怎么可能会修正？心里要是不诚挚，又怎么可能改得了？

著名画家、北京大学中国文化书院导师范曾先生说过："真诚是自我的完善，道是自我的引导。真诚是事物的发端和归宿，没有了真诚，一切都无从谈起。从宇宙到一棵小草、一滴露珠，都是诚实的存在，我们做人也一定要做诚实的人。诚外无物。我看学生第一看诚实。"

的确如此。诚意正心的对象，主要的是对自己而言。王阳明说，"去山中之贼易，去心中之贼难"，所谓心中之贼，无非是那些不良的企图、不好的念头，等等。所以老子说，"胜人者有力，自胜者强"，真正能战胜心中邪念，让自己始终行走在正确的路上的人，才是强者。不然，愈是有力，愈是胜人，愈是天下人的祸患。

韩非子说过，"巧诈不如拙诚"，可是真诚的人，有时候确实与这个庸俗的世界格格不入。对此，也没必要为了迎合世俗，一改到底。曾经的北大校长周其凤，就是一个心怀赤诚，率真不羁的人，同时他恐怕也是饱受争议的人。以"化学歌"闯进公众视野的他，陆续经历过"抨击美国教育""对领导媚笑""亿万富翁论""跪哭母亲"等风波，以至于那几年，他无论以何种行为、何种表达方式出现，都会被质疑。但周其凤说得好，"如果说我这个校长有哪一点值得你们学习，就是这个！我有我的性格，不想改，我65岁了，有人想通过一些事来改变我，说实话，不可能。我对母亲，该哭就哭，该笑就笑；我对学生，该哭就哭，该笑就笑，哭和笑不伤害大家，更不会伤害全国人民，你们放心好了。这是我的情感表达，你不喜欢，没办法，我不是演员，你可以不喜欢我，也不需要你喜欢！"

你喜欢这样的北大校长吗？反正我喜欢。

第十一份礼物：中庸而行

1. 极高明而道中庸

何谓中庸？如何才能做到中庸？

北大第 11 任校长、著名教育家蒋梦麟有一句话，称得上一语中的："以孔子做人、以老子处世、以鬼子办事。"

孔子自不必说，其思想是入世哲学，其核心是"礼"与"仁"。"以孔子做人"，简而言之就是要待人以礼，与人为善，好学上进，"己所不欲，勿施于人"。

老子的思想恰恰相反，是出世哲学，主张无为而治，与世无争，淡泊名利，宁静致远。结合起来就是说，人要离学问近，离事情近，离利益远，离争斗远。

至于鬼子，不是鬼谷子，而是"洋鬼子"，即西学，具体说来则是指"鬼子"的办事风格，主要是指科学、认真、精确、务实的习惯，与我们民族传统的几乎、大概、差不多相对而言。譬如炒菜放作料，欧美人甚至会用天平来称，精确到克，而中国人的菜谱则大多都写"盐少许""糖少许"，究竟多少，全靠你凭经验掌握。

"以孔子做人"，可以与人和谐相处，交很多朋友；"以老子处世"，可以摆脱名缰利锁的羁绊，避免各种纷争；"以鬼子办事"，则做事扎扎实实，讲究科学精神，追求严谨态度，不说大话，不图虚名，可有条不紊地解决问题，实现目的。正是凭借着"三子原则"，蒋梦麟把自己的能力发挥得淋漓尽致，使北大人才云集，学术繁荣，铸就了北大的几度辉煌，他也成为北大历史上任职时间最长的校长。但他本人却自谦为北大"功狗"，由于历史的原因，他的功绩也一度被忽略，但正如北大教授陈平原所说："在历史学家笔下，蔡元培的意义被无限夸大，以至于无意中压抑了其他同样功不可没的校长。

最明显的例子，莫过于蔡元培早年的学生蒋梦麟。"

翻看历史，我们甚至可以说，如果没有蒋梦麟，北大能否存续都是个问题。民国年间，北大一度由于缺少教育经费，面临即将关门的窘境。蒋梦麟召集北大全体员工开会，会议上，多数人赞同如果政府不兑现拨款承诺就关掉北大的意见，但蒋梦麟说："如果主张关门，自不必说；如果大家仍要维持，我虽然能力已尽，但为了维持学校，我仍旧愿意负这个责任，全力以赴，死生不计！"最终，北大得以保全。

北大名宿叶公超先生曾经这样描述蒋梦麟："我的朋友中，脾气好的人也不少，但对于仆役等最客气，而且从来不发脾气的，我想只有梦麟一个人。记得我们初到长沙去组织临时大学的时候，我们合用一个宝庆的老兵，因为语言关系，往往词不达意，我是一个性急的人，梦麟先生看见那位宝庆的同胞做错了事，或者是所做的刚好与我们的意愿相反的时候，他的反应总是发笑，我却在着急。淳厚，同情，宽容是他的本性。"

蒋梦麟也不是只会宽容，他也有铁腕的一面。他当北大校长时，明确提出"教授治学，学生求学，职员治事，校长治校"的方针，雷厉风行地进行聘任制改革，解雇了不少北大教授，也因此挨了不少骂。但他乐得承担这份骂名，总是对胡适等各院院长说："辞退旧人，我去做；选聘新人，你们去做！"

有人可能不理解，这还是中庸吗？

这当然是。

我们中国人很少有人不知道"中庸"这个词，可是对它完全了解的人却不多，以至于"中庸"一度成为"老好人"的代名词。其实，中庸既不是让大家做老好人，也不是让人一味地刚猛，而是刚柔相济，恰到好处。这说起来容易，做起来实在太难。所以古人说，"极高明而道中庸"。

《中庸》当中也有一段非常经典的话，说"天下国家可均也，爵禄可辞也，白刃可蹈也，中庸不可能也"。其中的"均"，是治理的意思，联系上下文就是说，能治理天下，放弃爵禄，不畏刀剑，已属难能可贵，但未必能做到中庸。

比如，我们上学时都学过一个寓言故事，叫《乌鸦与狐狸》，鲁迅先生则创造过一篇《小乌鸦与小狐狸》，结合来看，颇能展现中庸之难：

老乌鸦上当后非常后悔，回家后把这件事告诉了孩子们，让孩子们牢记这次教训。可巧，第二天，一只小乌鸦非常幸运得到了一块肥肉，它飞到一棵树上，准备美美地饱餐一顿。一只小狐狸看到了，赶紧跑过来，它仰着头对小乌鸦说道："乌鸦小姐，你的羽毛多么美丽啊！你的歌喉多么迷人啊！如果你能为我唱一支歌，那一定是世界上最动听的声音。"

小乌鸦听了小狐狸的赞扬，心里当然很高兴，但它知道，自己的妈妈就是这样上的当，心说："你今天休想骗我，还是及早滚蛋吧。"于是，无论小狐狸怎么赞美，小乌鸦一概不理不睬。

小狐狸见小乌鸦不动声色，索性把脸一翻，愤愤地说："谁不知道你们乌鸦是扫帚星，你们飞到哪里，哪里就有灾难降临，大家都讨厌你们……"

"哇……"还没等小狐狸说完，小乌鸦早已沉不住气了。它准备回击小狐狸，但刚一张口，那块肉就掉在了地上。小狐狸冲着小乌鸦得意地笑了笑，叼起那块肉跑掉了。

当然，中庸也不像某些人解释的那样，非人力可及。《中庸》首章就说，"喜怒哀乐之未发，谓之中；发而皆中节，谓之和。中也者，天下之大本也；和也者，天下之达道也。致中和，天地位焉，万物育焉"，历代大儒对此均有解释，如程颐所说的"不偏之谓中，不易之谓庸"，即中庸思想要求我们保持对立面之间的平衡与和谐。如果本着大道至简的道理解释，其实还是"恰到好处"四个字。

我们再举个简单的例子，泡咖啡，就存在着中庸之道。如果糖多了，咖啡就会过甜；糖少了，咖啡就会发苦。过甜与发苦都不好，要泡出一杯味道适中的咖啡并不容易。做菜也是这样，盐多了会咸，盐少了会淡，要做出咸淡适口的菜也不容易。就是喝水也不容易，喝多了喝少了都对身体不利。再加上百人百味，每个人的身体状况又不一样，着实不能一概而论。

但是，就像我们看到的，即便是对蒋梦麟，也还是会有这样那样的褒贬。我们应该忽略这些细节，取其大处，发扬继承。此外，放眼古今中外，很多成功人士、伟人智者，大都是本着中庸精神处世做人的。他们或许不讲"三子原则"，但各有各心得。比如林则徐的自励名联："海纳百川有容乃大，壁立千仞无欲则刚。"再比如曾经的北大教授、著名作家林语堂，他也有个座右铭："文章可幽默，做事须认真。"胡适更不用说，他的基本生活态度世人皆知："怀疑、事实、证据、真理。"大学者钱钟书的座右铭则是："以出世精神，行入世事业。取义古钱，外圆内方。"荣毅仁最喜欢的名言是："发上等愿，结中等缘，享下等福；择高处立，就平处坐，向宽处行。"裘法祖的座右铭："做人要知足，做事要知不足，做学问要不知足。"……这些，都是中庸之道的具体变式，表述不一，各有千秋，但基本上都有蒋梦麟"三子原则"的影子。

2. 以中庸之心，行智慧之事

所谓"君子中庸，小人反中庸"，不管我们喜不喜欢中庸，我们早已身在中庸里。伴随着中国漫长的历史进程，这种思想早就渗透到了我们的生活之中，占据了我们的文字和语言。比如我们常说，对人要一视同仁，不嫌贫爱富，不势利偏见，这就是"中"；我们也常说，公道自在人心，坚持原则等，这就是"庸"。对自己来说，做事能够不偏不倚，就是"中"；能保持平常心，就是"庸"。当今之世，人们在物质的侵蚀下，在多重价值观的影响下，很容易迷失自我，离"中庸"越来越远，以致常常心理失衡，痛苦绝望。所以，学习中庸，首先在于保持一颗平常心，把心摆正。若能以平常心看不平常事，则世间便无不平常事，有的只是智慧和胸襟。

中庸有时候是一种隐忍。孔子说，"小不忍则乱大谋"，人间自古路不平，人多，是非多，只有忍耐才能有大成。宋代理学家朱熹给《中庸》做注说："中者，不偏不倚，无过不及之名。"我们从中可以看出，"中"就是不偏激，不走极端，不过头，做什么事都要有个"度"，把握好分寸。无论是在古代，还是当今社会，人与人相处过程中，但凡事情处理得稍有不当，往往会招致很多麻烦，轻则导致工作生活不愉快，重则影响事业成败、家庭幸福。因此，无论做人做事，关键在于把握好"度"的问题。

多年来，中庸一直被人误解，认为中庸就是逃避、退让，或者不偏向任何一个观点与立场，"和稀泥""骑墙派"，其实这是孔子最为痛恨的态度，即"乡愿"，说白了就是貌似谨厚，实际上与流俗合污的伪善者。

中庸也不是低人一等，不是一味地忍让，不是与世无争；而是一种超越别人的智慧，是一种以退为进的攻伐之术，是一种不争而获的谋略。中庸不是随大流，不是睁一只眼闭一只眼，也不是圆滑老练；而是一种均衡之术，是一种不保守不偏激的态度，是一种生存智慧。中庸做事，中庸做人，不仅可以保护自己，也可以使自己暗中蓄积力量，悄然潜行，在不显山不露水中成就事业。

在《三国演义》中，刘琦不把诸葛亮困在楼上，诸葛亮就是不给他出主意，为什么？不是不帮，疏不间亲而已。不是不会，中庸而已。

同时期的著名谋士贾诩，据说比诸葛亮还聪明，他一生也做过很多聪明事，但投降曹操后，一直低调做人，中庸做事，作为从敌人阵营里投降过来的人，不仅始终生活得很滋润，还是曹操所有谋士里结局最好的一位。凭什么？无他，也是中庸而已。

"增之一分则太长，减之一分则太短；著粉则太白，施朱则太赤"，这是宋玉《登徒子好色赋》里的名句，原本描写的是楚国一位邻家丽人，但从字里行间中，我们不由得会想到中庸之道。中庸怎么会与美女挂上钩？只因中庸的精髓就是恰到好处，而且必须是大多数人都得认同的恰到好处。

然而，人生难得是中庸，因为中庸之道其实就是顺天之道。相对现代人而言，古人和中庸贴近得多。而在这个连飞机都觉得不够快的年头，固然也有很多人大谈特谈中庸，然而细细一听，你便知道他们所说的中庸，是功利化的中庸，是把人往大悲大喜，峰回路转的极致推动的中庸，多了一些鸡汤，少了一些淡然，最终通常都是惨淡收场。无他，不符合规律。

其实我们每个人从母体降临到世间，便面对着这个多元的世界，会经常受到得失、毁誉、利害、贫富的干扰与牵制，都需要不定期地做做灵魂的自我疗救与解脱，否则面对内心的欲望，外界的诱惑，很难不受其累，不受其害。这并不是泛泛而谈，著名养生学专家洪昭光先生曾说过，养生的关键在平衡——在阴阳、气血、虚实、内外、动静、劳逸等各方面的平衡。平衡即和谐，即对称，即不偏不倚，即中庸。

但这还只是入门级别的中庸，北大博士后雷原先生曾经在文章中说过："中庸既承认事物是阴阳而成，同时又超越阴阳，永远站立在一个更高的高度看待事物，因此中庸既是一个普遍法则，又是一个认识事物的方法。"

让我们来看看孔子的中庸之道：

有一次，鲁国发布了一条通告，号召在其他国家游历的鲁国人，在遇见沦为奴隶的同胞时，把他们买下来带回鲁国，国家将付给赎金并提供奖金。孔子的高足子贡去齐国经商时，一口气赎回了十几个鲁国奴隶，但回到鲁国后却没去官府领钱。消息传开，人们都说子贡品德高尚。子贡自己也这么认为，并找了个机会告诉了孔子，希望得到老师的表扬。没想到孔子听完后，反倒把子贡批评了一顿，说他"把鲁国人害了"。子贡非常郁闷，孔子解释说："你这种做法会给其他人造成压力，使其他人花钱赎回做奴隶的鲁国人后，也不好意思去官府拿钱。对于那些家境不好的人来说，这样的赔本买卖他们做不起。这样做的结果会导致他们看到做奴隶的鲁国人时，把眼一闭，权当没看见。所以说，你害了鲁国人。"

　　又有一次，孔子的另一高足宓子贱被任命为单父这个地方的地方官，这里紧邻齐国，是齐国攻鲁的必经之地。初夏时节，麦子快熟了，齐国侵略者也来了。当地人向宓子贱请求说："大人，田里的麦子已经熟了，齐国人眼看就到，为了抢时间，请大人允许百姓们任意去收割，这样既可以增加村民们的存粮，也不至于被齐国人抢走。"他们请求了多次，宓子贱始终不答应。不久，齐军打来了，果然抢了田里的麦子。齐军退走后，有人把这件事反映到了鲁国的实权人物季孙氏那里，季孙氏非常生气，他派人前去质问宓子贱为什么执迷不悟，宁可让齐国人收割麦子也不让老百姓收割？宓子贱对来人说："大人哪里知道我的苦心！今年没有收成，明年可以再种，但是放任百姓收割，让那些不耕而获者得逞，大家就会很乐意敌军来犯，那可就不是损失一年麦子可以比拟的了。再说了，单父是个小地方，一年没有收成并不会对鲁国的国力产生影响，但如果老百姓都想不劳而获，甚至为了不劳而获而通敌卖国的话，那种败坏的世风可是几代人也修复不了的啊！"来人把这话回报给季孙氏后，季孙氏愧疚地说："哎呀，我真是冤枉了他！真不愧是孔丘的高足！"

类似的故事还有不少，但总的来说，所谓中庸之道，起码要做到通盘、透彻、辩证、立体地思考，不能只见树木不见森林，更不能执迷一端。否则，就非但不是中庸，还会离中庸越来越远。

第十二份礼物：笑对人生

1. 不完满才是人生

不完满才是人生——这是季羡林老先生的名言。季老在书中写道：

每个人都争取一个完满的人生。然而，自古及今，海内海外，一个百分之百完满的人生是没有的……旧社会的皇帝老爷子也包括在里面。他们君临天下，"普天之下，莫非王土，率土之滨，莫非王臣"，可以为所欲为，杀人灭族，小事一桩。按理说，他们不应该有什么不如意的事。然而，实际上，王位继承，宫廷斗争，比民间残酷万倍。他们威仪俨然地坐在宝座上，如坐针毡。虽然捏造了"龙御上宾"这种神话，他们自己也并不相信。他们想方设法以求得长生不老，最怕"一旦魂断，宫车晚出"。连英主如汉武帝、唐太宗之辈也不能"免俗"。汉武帝造承露金盘，妄想饮仙露以长生；唐太宗服印度婆罗门的灵药，期望借此以不死。结果，事与愿违，仍然是"龙御上宾"，呜呼哀哉了……这些皇帝手下的大臣们，权力极大，骄纵恣肆，贪赃枉法，无所不至。在这一类人中，好的大概极少，否则包公和海瑞等绝不会流芳千古，久垂宇宙了。可这些人到了皇帝跟前，只是一个奴才，常言道：伴君如伴虎，可见他们的日子并不好过。据说明朝的大臣上朝时在笏板上夹带一点儿鹤顶红，一旦皇恩浩荡，钦赐极刑，连忙用舌头舔一点儿鹤顶红，立即涅槃，落得一个全尸。可见这一批人的日子也并不好过，谈不到什么完满的人生……至于我辈平头老百姓，日子就更难过了。一直到今天仍然是"不如意事常八九"。早晨在早市上被小贩"宰"了一刀；

在公共汽车上被扒手割了包，踩了人一下，或者被人踩了一下，根本不会说"对不起"了，代之以对骂，或者甚至演出全武行；到了商店，难免买到假冒伪劣的商品，又得生一肚子气……谁能说，我们的人生多是完满的呢……

车尔尼雪夫斯基也说过："既然太阳上也有黑点，人世间的事情就更不可能没有缺陷。"任何人、任何物，都不可能完满。即使有圆满，也是暂时的，而缺憾却是常态。

但缺憾就一定是缺憾吗？不一定。很多时候缺憾也是一种美，只是很少有人具备欣赏美的眼光和境界。谁怀疑过断臂维纳斯的美丽？有谁想画蛇添足，弥补这种缺憾美呢？

众所周知，西施、王昭君、貂蝉、杨玉环是中国古代四大美女。据传说，西施之美，曾美得令河中的鱼儿忘记游水，渐渐沉到河底；昭君之美，也曾美得令天上的大雁忘记摆动翅膀，从而跌落地上。而三国美女貂蝉，居然美得令天上的月亮都自惭形秽，见其拜月，赶紧躲到了云彩后面。最厉害的是杨贵妃，她的美不仅令宫中的花儿都含羞低头，而且让她的老公公唐玄宗忘乎所以不识羞，直接夺儿子之妻据为己有。总之，提起这四位女士，人们头脑中自然而然地会想到"美人"两个字，或者干脆想到美。然而即使是这四位号称"闭月羞花，沉鱼落雁"的绝色美女，也并非完美无缺。杨贵妃美则美矣，却满身狐臭；西施美则美矣，但脚大踝粗；王昭君美则美矣，但过于削肩；而貂蝉的缺点，则是耳朵稍小。不过话说回来，白璧微瑕，一点儿都不影响她们在中国审美史的地位，相反，这些缺憾还在一定程度上赋予了她们"内在美"。杨贵妃因为狐臭，所以发明了花瓣浴；西施因为脚大，于是发明了长裙遮掩；王昭君削肩，所以开披肩发之先河；貂蝉耳朵小，则发明了中国古代化妆史上十分重要的工具——钗子。尽管这些说法，多半是后人牵强附会上的，但后人为什么不附会别人呢？说白了还不是因为她们美嘛！权当是她们发明的吧。

一句话，缺憾不仅也是一种美，也造就了世界上原本不具备的很多美。

如果说缺憾即美，那么完美就是一种负累。德国大文豪席勒曾经写过一个小寓言：

有一个被切去一角的圆，它很想恢复完整，没有残缺地活着，便踏上行程，四处寻找失去的部分。由于它残缺不全，滚动得很慢，所以它能在路上欣赏风景，闻花香，和毛毛虫聊天，享受阳光和雨露。它遇到过各种不同的碎片，但有的太小，有的太大，有的太尖锐，有的又太方正。有一次，它好像找到了一块合适的，但没有抓牢，又掉了；还有一次，它抓得太紧，弄碎了……直到有一天，它终于找到一个非常合适的碎片，它小心地把碎片拼在自己身上，快乐地滚动起来。由于它变得非常完整，所以滚动起来特别快，快得使它停不下来，看不清路边的花草树木，也不能和毛毛虫聊天。于是它主动停下，把那块补上的碎片又丢在了路旁，慢慢地滚走了。

就像那个缺角的圆一样，世上没有任何人的生命完整无缺，只要他肯面对现实，每个人都至少缺少一样他认为很重要的东西。然而，缺憾是人生的伴娘，如影随形，无处不在，除非你学会不假外物，向内寻求。

说到这里，要提一下清朝的乾隆皇帝，此人被网友们认定为诗坛的一个笑话。他一生自我陶醉，卖弄才情，到处题碑写匾，吟诗作对，据说最少写了几万首诗，可悲的是连一个诗人的资格都没有被评上。有人甚至认为，乾隆连一句好诗也写不出来，这倒有点儿冤枉了他。

比如，北京故宫博物院收藏有一个矾红彩御制诗文笔筒，这件文物上题有乾隆所作的五首诗，即《小园闲咏五首》，至少其中的第三首中有一句就算得上好诗，也就是："何必武陵路，随缘物外心。"具体到这句诗的意思，就是说世人不必专门去寻找晋代大诗人陶渊明所描写的世外桃源，只要游心物外，一切随缘，便处处是桃花源般的美好世界。

我们再来讲一个日本的故事：

500年前，也就是日本历史上的战国时期，有一个武士叫丰臣秀吉，他从一系列厮杀中脱颖而出，权重一时。这个杀人不眨眼的人热衷于茶道，日本茶道鼻祖千利休相当于他的御用茶匠。

有一次，千利休随军出征，经过一片竹林时，发现那里的竹子材质很好，便截取竹子，做了三个插花用的竹花瓶。返回京都，千利休把其中一个竹花瓶作为礼物送给了儿子少庵。少庵一看，这个竹花瓶身上有一条裂痕，不由想起了日本名刹圆城寺中的镇寺之宝——钓钟——那个钓钟曾经摔过，摔出了一道裂痕，于是少庵就为这个竹花瓶取名为"圆城寺"，并用利刃刻在了瓶身上。

后来少庵死了，"圆城寺"传到了儿子宗旦手中。有一回，宗旦在客厅中招待客人，客人见插着鲜花的"圆城寺"滴滴答答地漏水，弄湿了地上的竹席，就好心提醒宗旦。

宗旦却平静地说："漏，才是它的灵魂与生命所在。"

再后来，这个竹花瓶几度易手，每次转手，价格都更胜从前，最终成了一件价值不菲的艺术珍品。

一个普通的并且有裂痕的竹花瓶，为什么会成为人们追捧的名器呢？正如宗旦所说——它具备了灵魂与生命，也就是漏。人生也是如此，从古至今再到永恒，谁都不可能十全十美，总是有些许裂痕。

缺憾是人生的伴娘，是人生的组成部分，我们必须接受它，就像我们必须接受生命一样。

2. 痛并快乐着，拥有你自己

有这样一个故事：

有一天，一个非常漂亮的女子，走进一个人的屋子，主人见了她非常喜欢，就问她："你叫什么名字，家住在哪里？来我家有事吗？"

女子回答道："我是功德天，也叫吉祥天使。我每到一个地方，都会给人以金银、琉璃、珍珠、珊瑚、琥珀、玛瑙、象、马、车、乘、奴婢、仆役。"

主人听了更加欢喜，心中暗想："我真是一个有福的人，我一定要好好招待她。"然后，主人便捧出各种水果，招待功德天。就在此时，主人无意中发现门外站着另一个女子，她长得非常丑陋，衣裳也破破烂烂，还沾满了垢腻与尘埃，她的皮肤则又皱又裂，颜色灰暗苍白，与功德天靓丽的肌肤形成鲜明对比。

主人顿时很不高兴，他心想，世上怎么会有这么丑陋的女子？并走上前去问她："你叫什么名字？家住在哪里？来我这儿干什么？"

女子说："我的名字叫黑暗女。"

"这个名字好奇怪，你为什么要叫黑暗女呢？"主人问。

黑暗女说："那是因为我每到一个地方，都会让那个地方的主人的财宝消耗一空……"

黑暗女还没说完，主人就跑到房里拿出刀子，威胁她说："你赶快走开，否则我杀了你！"

黑暗女说："你实在是个愚痴的人。"

主人问："为什么说我愚痴？"

黑暗女："刚刚进入你家的那个女人，是我的姐姐。我和我姐姐是形影不离的，你如果要赶我走，我姐姐也会和我一起走。"

主人不太相信，心想这两个女人相貌差距如此之大，怎么可能是姐妹？但他还是跑回屋子问功德天："外面有一个女子，自称是你的妹妹，是真的吗？"

功德天说："是真的。你若接纳我，必然要接纳我的妹妹。"

"哦？"这个主人想了想，说："你可以离开了，我也不接纳你。你们俩都走。如果每一件好事都和坏事相连，那我宁可好坏都不要；如果得到的同时还让我失去，那我宁愿根本得不到。"

功德天听了，立即站起身来，拉着黑暗女，一前一后，相随着走了。

得到一个好处的同时，必然会伴随着一个不好的东西——这就是人生。相反，如果我从来就不曾拥有，那我也就没什么好失去的了。从这点来说，故事中的主人是个聪明人。当他懂得了功德天必然和黑暗女如影随形时，他便果断赶走了姐妹俩，从而断绝了得到的狂喜和失去后的极度失落。这是一种睿智，但却是一种只能出现在书本上的睿智。现实生活中的人们，是很难做到这一点的。

由于做不到，人们不相信人会为得到而痛苦。至于功德天与黑暗女，那不过是一个故事，怎么能当真呢？即使真的是在得到的同时让我失去，那我也愿意，当一秒钟的富翁也行——每个人估计都会这么想。

事实上，这终究只是我们的一厢情愿。退一步讲，即使让你拥有了便不再失去，或者让你拥有更多，你仍然要为此付出代价，而且代价非常大——失去自我。

网友们戏言：人生就是一个杯具。如果把人生比作一个杯子，那么拥有就真的是个杯具。道理很简单：当一只玻璃杯装满牛奶时，人们会说"这是牛奶"；当杯子里改装矿泉水的时候，人们会说"这是水"；当里面装满食用油的时候，人们会说"这是油"……只有当杯子空着时，人们才会说"这是一只杯子"。同样的道理，无论一个人拥有什么，他都会被该物所"占据"。他越是热衷的东西，越是会成为他的枷锁。

傅佩荣先生曾在他的名著《哲学与人生》中写道：拥有就是被拥有。许多人喜欢问：我拥有什么？然而实际上，一个人有的越多，就不是他自己，因为人拥有的越多，越没有时间做自己。拥有的东西愈多，注意力就愈分散，思考势必减少，生命内涵就更少，以至最终被拥有物所拥有，成为拥有物的奴隶。

傅先生举例说：比如我拥有一部车子，就等于我被这辆车子所拥有，因为我必须时常担心："我的车有没有被拖走？停车费还没缴怎么办？"又如我有一个朋友，他很辛苦地工作赚钱，以前租房子，后来终于自己买了一栋房子。他拥有了这栋房子，同时也被这栋房子所拥有。后来他拼命赚钱，买了五栋房子，从此以后就更累了，因为他一个月有一半时间都在烦恼房子的问题：租给别人怕收不到租金，收到租金又担心别人以后不肯搬走，经济不景气的时候还忧虑房子跌价，然后每年还要缴一堆税金。几年辛苦下来，生活品质反倒下降了。

这绝不是说，那些一无所有的人就是自由人，而是提醒我们，相比古人，现代人生活条件可谓天壤之别，有些古代皇帝都享受不到的物质现代的普通百姓都能享受到，可物质的极大丰富也导致了整个社会的物化。很多不自知的人，日夜奔忙，不得安息，骨子里除了冷漠和功利再无其余，就算把他们安置在金库中，其内心也得不到满足。

有人说人生如水，水有顺流也有逆流，所以人生也有欢乐和悲伤。

道理好像不错，但却是站在人类的立场上说的。你何时见过一条河自己逆流过？河水可能干涸，可能泛滥，可能巨浪滔天，唯独不会逆流。如果非要说逆流的话，那也只是逆了我们的心，我们不愿意接受它而已。

最要命的是，很多东西，并不是你追求就能求得的。人生有八苦，求不得即是其一。很多东西，也不是你不想失去就不会失去的。爱别离，也是八苦之一。你不想失去的并不曾失去，你想得到的也得到了，就不苦了吗？也苦，这就是怨憎会。套用一句歌词，就是"痛并快乐着"，只是世人天真，只想要那份快乐。

白岩松在北大演讲时，曾经这样解释他的畅销书："这5个字（《痛并快乐着》)是齐秦某张专辑的名字。它本来是一首情歌，但这里不是，我觉得这是改革开放中，中国人心态的缩影。因为在改革的过程中，每个人都在经历痛并快乐的纠缠。在发展中我们失去这个，丢掉那个，感觉很痛苦，但是当你回首的时候你会发现进步的车辙，自己收获了许多，所以就是在这种痛苦并又快乐中向前走。我找不到更合适的字来总结我过去十几年从事新闻业的观察和总结，这5个字最妥帖，所以我就挪用过来了。"

白岩松是一个可爱又可敬的人，他还有很多众所周知的妙语，仅与足球有关的就不在少数。那些看似只与足球有关的段子，其实都指向了先哲的名言："不以物喜，不以己悲。"当一个人能超越外物，不因个人的得失而心情起落时，剩下的只有巨大的悲悯。

第十三份礼物：开卷有益

1. 人生永远没有太晚的开始

前些年，伴随着一本名为《人生永远没有太晚的开始》的随笔集大热，"摩西奶奶"的名字享誉全球。这位大器晚成的美国原始派画家，一生未接受过正规艺术训练，76 岁才开始作画，80 岁办个展，100 岁启蒙了渡边淳一，先后创作了 1600 余幅作品，感动了从美国到加拿大，再到英国、法国、瑞士、丹麦、意大利、中国、日本、新加坡等国家和地区的无数年轻人。

这里面还有个细节，她之所以在 76 岁才开始作画，是因为那年她得了关节炎，而之前她的双手一直被擦地板、挤牛奶、装蔬菜罐头等琐事占有，偶尔刺绣。想想看，若是没有患上关节炎，一生名不见经传的安娜·玛丽·罗伯逊·摩西，还会不会成为大名鼎鼎的"摩西奶奶"呢？

再往前追溯，还有个细节：画画其实是她在很年轻的时候就有的愿望，但那时家人和朋友都告诉她，这太不现实了。现实是什么呢？就是嫁给一个农场小伙子，然后养一大帮孩子。就这样，她被周围的人偷走了梦想，不再想画画的事。直到 76 岁那年，她得了关节炎，行动不再便捷，自感时日无多，才本着在去世之前画一些画满足自己心愿的想法，买来了画笔。

不管怎么说，人生确实没有太晚的开始。类似的故事，其实也不断地以不同的形式在世界各地悄然演绎着，只不过很多人不像"摩西奶奶"那么知名，但各有各的勇敢，各有各的努力，各有各的精彩人生。

以北大为例，这些年最令人惊艳的，不是某某学霸，也不是某某专家，而是《站着上北大》一书的作者，曾经的北大保安——甘相伟。他其实并不是一个普通的保安。2005 年 7 月，他毕业于长江职业学院（原湖北经济管理大学）法律系，两年后来到百般眷念的未名湖畔，一边当保安，一边到处蹭课，后来还有幸进入北京大学平民学校学习，然后参加成人高考考入北京大学中文系，这才有了后来的"中国教育2011年度十大影响人物"与《站着上北大》一书。

一度，甘相伟也备感沮丧，就算要求校外人员出示证件这种例行的工作，也会碰钉子："哎呀，你不就是个保安吗，还查什么证件呀？"看着那些擦身而过的同龄人，他忍不住埋怨自己："当时为啥不努力？怎么没一步考进来？"但他深知这没有意义，而且他深知，在北大当保安这个机会也很难得。怀着"既来之，则学之"的心思，他换下保安服，背上单肩书包，忐忑地走进了教室。第一次旁听，他只敢坐靠后的位置，生怕老师点名时会注意到这个一直没举手的人，更害怕同学们知道后会盯着他看个不停。事实上，根本没有人在意这些。坐在旁边的同学甚至把他当作同学，问他"最近在看谁的作品？"一回生，二回熟，后来他不仅学会了"抢占前三排"，还利用自己保安的小小权力，到处打听哪些老师讲的课好，并且为了在北大多待几年，放弃去找个工资高点儿的工作……

无独有偶，北大还有一位著名的保安，叫张国强，他的北大之路相对来说更曲折，因为他初中毕业后，就开始外出打工，水泥厂、沙石厂、建筑工地，直到进入北京一家保安公司，成为北大保安大队的一员，才迎来命运的转机。

在北大，看到与自己同龄的学子们在教室学习的场景，张国强心底的梦想被唤醒了。他挤出一切能够利用的时间，给自己定下了"每天必须学习4个小时"的目标。每天黎明、深夜，或是自己不值勤时的任何时间，同事们都能看到他埋头苦读的身影。有时看到同事们看电视、打篮球，他心里也痒痒，但只要想起自己在水泥厂打工时的情景，他马上咬起牙，坚持学习。

努力没有白费，2001年，他拿到了北大法律自考大专文凭。

2005年，他又取得了清华大学法学本科和中央党校经济管理本科文凭。2007年，他通过了国家司法考试，获得国家法律职业资格证书。2010年，他取得了企业法律顾问执业资格证书。很多人不理解，一个保安，考这么多证书干什么？张国强坦言："最早我只是为了能够多赚钱，改善生活条件，不再出苦力。"如今，他早已是领导几百名保安的北大保安队队长。他说，表面看来，自己就是网友们所说的考证达人，实际上不是这样，通过不断学习，自己的语言表达、事务处理、组织和交际等方面的能力不断提高，这些收获是自己没有想到的，而接下来的职务晋升，则是伴随着自己能力的提升，水到渠成的。

　　说到这里，透露一个秘密：笔者本人也曾经做过一小段时间的保安，同时在成为职业作者前，也做过各种各样的工作，每一份都不能令人满意，事儿多钱少离家远。回首往昔，真的是不敢想象。我的故事也同样适用于每个人，还是那句话：谁想成为更加优秀的人，艰辛必不可少，谁都有资格活得更好。

　　三百六十行，行行出状元。命运可以改，只要肯登攀。著名作家、国际经济学家丹比萨·莫约有一句名言："种树最好的时间是十年前，其次是现在。"学习也是这样，只要你想学，你肯学，什么时候都不晚，但最好马上就学。

　　汉代的刘向在《说苑》一书中记载了这样一个故事：

　　有一次，晋平公对大臣师旷说："这个世界上我不知道的东西还有很多，可我现在都七十多了，想学也太迟了！"师旷笑着说："那您就点上蜡烛学呗！"晋平公不高兴了："你是在戏弄我吗？"师旷解释说："我怎敢戏弄大王？我只是听人说，年少时学习，就像走在朝阳下；壮年时学习，犹如在正午的阳光下行走；老年时学习，那便是在夜间点起蜡烛，小心前行。烛光虽然微弱，比不上阳光，但总比摸黑强吧。"晋平公听了，点头称善。

这个故事正是"活到老，学到老"这句话的原始出处。用时下最热门的学习理念来说，就是终身学习。终身学习既是优秀者对自我的基本要求，又是宏观环境的现实需求。有些人喜欢大谈某某书籍影响了自己的命运，让他坐上了人生的火箭，一飞冲天，实际上按照我的经历，市面上能买到的任何书，都不足以从整个人生的维度上影响一个人。但是书还是改变了我的人生，也改变了很多人的人生，归根结底，就是量变引发质变，一本不行就十本，十本不行就一百本，一百本不行就一千本，甚至更多。反正人总有一定的时间要用在某一件事情上，不是读书，不是学习，不是充电，就是玩游戏，就是虚掷青春，就是费电。古人说得好，开卷有益。广泛的阅读和学习的益处，只有那些亲身经历过的人才能懂，不实践的人永远无法理解。

尽管有些人一再讲什么"学习无用论"，或者"寒门再难出贵子"，事实证明，学习直接与幸福度息息相关。怎么理解幸福？我们不妨庸俗一点儿，普通人的幸福感，首先源于一定的物质基础，其次则是他与身边的亲朋好友等强关系的相处融洽。在这个知识不断迭代的时代，不经一番寒彻骨，学出一身真本事，物质不会对你微笑，人际关系也充斥着烦恼。古人身居陋室，还讲究"谈笑有鸿儒，往来无白丁"，一个头脑空白的人，他怎么跟生活中的高手过招？又凭借什么去探寻人生的意义？我们一再说，人生永远没有太晚的开始，在文章的末尾，我们应该加上一句：你要再不开始的话，可真的晚了！

2. 没有教练就自我训练

很多喜欢体育节目的人，都知道肯尼亚的标枪选手尤利乌斯·耶格，他在 2015 年成为世界标枪冠军，成绩是 92.72 米。这并不是男子标枪的世界最好成绩，但尤利乌斯的经历很传奇。因为他并不是科班出身，训练时不仅没有教练，连标枪都得自己制作。没办法，他的祖国肯尼亚还是一个落后的发展中国家，既没有像样的标枪，也没有任何标枪教练。但他却一步步地成长为世界冠军，打败了世界各国花重金培养起来的运动员。他是如何做到的呢？很简单，在"油管"（YouTube）上观看并研究专业运动员投掷标枪的视频，然后自己尝试着训练。所以他成名后，干脆被网友们称作"油管先生"。

尤利乌斯之所以备受推崇，就在于他的故事发生在互联网时代，传递的也不再仅仅是励志精神，而是一种简单且有效的学习方法。他可以通过互联网成长为标枪冠军，你可不可以通过互联网获得某一方面的成长？当然。只要你不轻易否定自己，照着练习，练习，再练习，你一定会有所收获。

本杰明·富兰克林在自传中讲过自己学习写作的经历，尽管不同于体育项目的训练，但本质上都一样，简单来说就是把那些优秀作品当老师。说具体点儿的话，就有许多细节了：首先，他会选择自己喜欢的一篇文章，仔细阅读，读完放在一边，用自己的话重写一遍。写完之后，他会拿自己的文章与原文进行对比，并反复改写，让自己的文章也可以像原文那样用词精准、行文简练。过程中，他发现自己与写作大师之间的差别是词汇量不够，他认识那些词，但那些词不能为他所用，于是他有意识地储备各种词汇。后来他又发现，写诗可以迫使他更好地运用词汇。因为写诗需要押韵，要求写作者用词无比精准，于是他不惜下功夫，把相应的文章改写成诗歌，训练自己驾驭词汇的能力……经过一番自我训练，他的文笔越来越好，他的很多作品到现在还被视作经典。

富兰克林只会写作吗？远远不止。他还是个物理学家，发明了避雷针，最早提出了电荷守恒定律。他也是个发明家，发明了双焦点眼镜，蛙鞋等。他还是政治家，是美国开国元勋，同时也是出版商、印刷商、记者、慈善家。但是他一生只在学校读过两年书。十岁时，他就离开了学校，回家帮父亲做蜡烛，但他的学习从未间断过。他的学习说来也没什么诀窍，就是广泛地阅读。为了读书，他经常克扣自己的伙食。为了读书，他专门结识了几家书店的学徒，让他们把书店的书晚上偷偷拿出来，他通宵达旦地阅读后，再在第二天清晨归还回去。

法布尔也说过："学习这件事不在乎有没有人教你，最重要的是在于你自己有没有觉悟和恒心。"他本人也是一生坚持自学，先后取得了业士学位、数学学士学位、自然科学学士学位和自然科学博士学位。他还精通拉丁语和希腊语，在绘画、水彩方面也几乎是自学成才，并且留下了许多精致的图鉴。他的《昆虫记》不仅备受普通读者好评，也让诺贝尔文学奖获得者、法国诗人弗雷德里克·米斯特拉尔赞不绝口。

人才辈出的北大，自然也不乏这样的传奇人物，张益唐就是其中一位。

张益唐出生于上海，自幼聪慧过人。年仅4岁时，他不仅能将世界上大部分国家的首都说出来，历史上很多朝代的皇帝、帝都也能说清楚，并且4岁就能读长篇小说《林海雪原》。他的父亲当时就说，这个孩子将来不得了，得好好培养下。但是父亲在北京工作，除了一套《十万个为什么》之外，爱莫能顾。可就是这套《十万个为什么》，让张益唐对数学产生了兴趣。加之有疑惑的时候，压根也没人能够帮他，他小小年纪就学会了自己解决问题。

13岁时，张益唐来到了北京，但一直和母亲待在乡下，父亲在另一个农场工作。张益唐发现这里的人不喜欢看书，也不喜欢别人看书，还会呵斥他。也难怪，当时处于特殊时期。

几年后，形势转变，他进城了，以制锁为生。同时，为了能考进北大，他开始自学。只用几个月的时间，他就学完了高中物理、化学的所有知识，偶尔还学学历史。尽管第一次高考他失败了，但在23岁那年，他还是如愿被北大数学系录取。作为"文革"后恢复高考的第一批学生，他是当时全校公认的数学尖子。

他的故事远没有结束。在北大度过了7年时间后，他前往美国攻读博士，这一走就是几十年。

由于各种原因，背井离乡的他找不到一个像样的工作，48岁才结婚，在朋友的帮助下才得以进入新罕布什尔大学代课，6年后才成为一名普通讲师。如果他的人生只有58岁，那么他的故事就是一个现代版的"伤仲永"，他就是别人眼中的"海派loser"。

他干过收银员与外卖员，也干过汽车旅馆零工。最艰难的时候，他只能在地下出租屋研究数学。不工作时，他也会去附近大学的图书馆看和代数、几何、数论有关的学术杂志。好在不管多难，他始终没有放弃学术追求，终于在数论领域取得了突破性的成果。

2013年，靠着一篇论文，他华丽转身，拿到了很多人一辈子都奢望却拿不到的数学大奖，随即成为知名大学的终身教授，这才被国内想起来，被请回国分享研究心得。很多没意义的事情我们就不讲了，我们来分享张益唐的两个生活片段：

第一是包馄饨。据他的妻子孙雅玲说，有时为了让张益唐分散注意力，她在出门前会准备好馄饨皮和馅儿，让他动手包馄饨。等她回家一看，皮和馅儿一点儿没剩。第二次、第三次，也是这样。怎么这么巧呢？张益唐说这用到了数学，说来也简单：把馄饨皮像玩扑克牌一样扭开，如果是100个皮儿呢，那就把碗里的馅儿也分成100份，这样包出来的馄饨不多也不少。

第二是玩牌。据他的好友、迈阿密大学音乐教授齐雅格说，张益唐博闻强记，对历史、哲学、政治有超乎常人的兴趣，热爱古典音乐，还是个不折不扣的篮球迷。有一次齐雅格开玩笑说，要带他去拉斯维加斯，因为他的记忆力太好了："如果他要上拉斯维加斯去赌钱的话，他早富了。他不是人们说的那种能记住6副牌的人，他60副牌都记得住！"但张益唐马上说算了，后来俩人再也没谈过钱财。许多年之后，齐雅格才知道当时的他因为没有被导师善待，住在车里，艰难求生。但他活得相当自在，也相当慷慨，不止一次地帮助过朋友。

为什么要刻意讲两个细节呢？因为我们知道，懂得自学且擅长自学的人并不少，但大家都在学些什么呢？那些在吃喝玩乐上面无师自通的人，是时候调整方向了。

第十四份礼物：知行合一

1. 知行合一，拒绝盲动

先来讲讲知行合一的出处：

明朝时，有两个年轻人，他们非常笃信宋代大儒朱熹的"格物致知"之说。什么叫"格物致知"呢？简单说来，就是通过思考、研究事物的原理法则，归纳出理性知识和道理。这种道理普遍存在于世间万事万物中，无处不在，但想领会它，必须从"格物"开始。另一大儒程颐则说："今日格一物，明日又格一物，豁然贯通，终知天理。"意思是说，只要不停地"格"，用心地"格"，聚精会神地"格"，加班加点地"格"，见什么都"格"，最终就能"豁然贯通"，了解天上人间所有的道理。说简单点，也就是达到圣人的境界了。两个有志向圣人学习的年轻人一商量，决定先从其中一人家中的竹子开始"格"起。具体怎么"格"呢？圣人并没有交代。两个年轻人做法是搬张椅子，一动不动地坐在竹子面前，望着竹子苦思冥想。其中一个年轻人，只一天，便因用脑过度，累病了。另一个年轻人坚持了下来，他前后共"格"了七天，但最后，同样没"格"出什么道理，也生了一场大病。当时，他还以为是自己和朋友没有做圣人的能力，天赋太差，所以"格"不出来。但不久后，他的头脑中冒出一个大胆的想法："是不是朱圣人他说得不对？"此后十数年间，他结合自己的人生经历，苦苦求索，最终顿悟出了"知行合一"之理，说简单点，就是懂得道理固然重要，但实际运用也很重要，二者不可割裂，不能偏废，用今天的话来说就是理论与实践相结合。这个人，就是明朝大思想家王守仁，因其字"阳明"，世称"阳明先生"。

"知行合一"这四个字，在今天看来似乎没什么了不起，但是在当时却是个了不起的突破，在今天也是必要的点醒。我的一位在大学工作的朋友说过："很多学生，考试每回都得一百分，但一让他做实验，完了，根本不知道如何下手。"我的一位亲戚也说过："那谁，都上大学了，他爸跟他做生意，让他写个合同都不会！"这样的人，显然都需要在这方面狠下功夫。

平心而论，前者能考满分，但做实验不知如何下手，还算是优秀的，他只要在"行"的方面多动手，多实践，就能知行合一。而后者，则是"知"与"行"都很差。所谓"百无一用是书生"，这样的人，在古代和现实生活中比比皆是。

对此，"新心学"创建人、北大哲学系教授贺麟先生有着深刻的洞察，他说："一个人的任何行为，都是以知识为主宰，以见解为指导。假如看法错误，行为自然也随之错误。假如见解正确，则受其指导的行为，必然也趋于正轨。观与行或知与行是永远合一而不能分的。盲目者必冥行，无知者必妄为。真切笃实之知与明觉精察之行，永远是合一而不分的。"

贺麟在《乐观与悲观》一文中讲过一个例子：

美国诗人兰利尔有一首寓言诗，题目叫作《仁爱如何寻求地狱？》诗里的大意是说：有一个王子名叫"仁爱"。他有两个臣子，一个名叫"感觉"，一个名叫"理智"。有一天王子听见人讲述地狱可怕的情形。他想知道到底地狱是怎样的状况。他先派臣子"感觉"去调查。"感觉"回来说，在人类社会四处都布满了阴霾，地狱就在人类的行为里。王子不十分相信，又派臣子"理智"去察看。"理智"回来报告道，地狱即在人类的内心，即在罪犯的灵魂里。这王子"仁爱"仍然不大相信，决定亲自去视察。结果他看见世人尽皆满面春风，和睦可亲，罪犯也从忏悔里得解救，心安理得，富有生机。他寻来寻去终寻不着地狱。

贺麟本来是用这个故事来阐释仁爱与乐观的内在关系，我们这里舍其不用，实际上，我们也可以从这个寓言中看出感觉、理智与实践在欧美人内心中的排序：即实践重于理智，理智重于感觉。

这并不是说感觉与理智就不重要，很多真知，都是先有感觉，然后才在理智的指引下，经实践摸索或求证而得。但一味地跟着感觉走也不行，因为感觉这种东西虚无缥缈，能准确地抓住它，落到实处，才有意义。

刚刚谈过兰利尔的诗，实际上我本人也是个诗人，不妨谈谈诗人与感觉。在我最痴迷写诗的那几年，我深深地体悟到，感觉人人有，但能够把它抓住，然后落到纸面上，形成一首诗，尤其是一首经典诗作，非常难。夸张点儿说，你相当于是从空气中抓出了一首诗，近乎老子所说的"无中生有"。很多人过于看重感觉，也即灵感，实际上如果没有这种把握灵感的能力，有再多灵感也不灵。那这种能力又是怎么来的呢？只能从实践中得来，从一次又一次的练习中习得。

王阳明的知行合一也是这样，看上去容易，听起来简单，做起来难，做到更难。因为"知行合一"说到底还只是工具与方法，不是目的，目的是"致良知"。"致良知"也不是终极目的，终极目的是通过自己的良知和良行去拯救岌岌可危的大明朝与天下苍生。王阳明的学说为腐败的明朝注入了新鲜血液，促使一批士大夫官员开始体察民情，着力政务，人民的生活也因此得到缓解。可是王阳明的"知行合一"也有其时代缺陷，王阳明本人肯定是"知行合一"的，但在具体传播时却忽略了客观的知识，只重视个人的道德修养，从而导致了他的一些弟子产生了"虚玄而荡，情识而肆"的弊病，也出现了不少高谈阔论的人，他们并不践行"知行合一"，反过来还批评那些真正"知行合一"的人，由于心学影响力大，他们在相当程度上掌握了话语权，把很多人带进了沟里，有些历史学家甚至把这一点视作明朝灭亡的原因。

关于这一点，只需了解即可，不在我们的讨论之列。我们要说的是，其实"知行合一"的理念，也并不是王阳明的绝对原创，类似的说法，中国历史上早就有。但是直到今天，王阳明与他的"知行合一"理念到处大卖的今天，"知行合一"或许也并未真正地深入人心。一方面，有些人皓首穷经，走路都撞电线杆。另一方面，有些人无知无畏，盲动盲行。

在改革开放进程中，第一代创业者，最早吃螃蟹的人，基本上都没有太多理论框架，也不太懂经济与管理，更没听说过市场营销，因为这些都是后来从西方引进的，有人甚至没读过书，连自己的名字也不会写，但很多人成功了，其成功就得益于盲动。

也就是说，盲动也有其价值，盲动也是行动。只要是行动，它就是暗合了"知行合一"中行的部分。但是后来，这些人中又有一大部分失败了，如同坐着财富的过山车，眼见他起高楼，又眼见他楼塌了。失败，也是因为他盲动。

我们常用"没头苍蝇"一词来形容那些乱闯乱碰的人，其实"有头苍蝇"也是盲动主义者，也乱碰乱撞。科学家做过一个实验，分别把蜜蜂和苍蝇放在两个广口瓶里，两个瓶子一模一样，结果显示，蜜蜂在里面的死亡率是苍蝇的2.3倍。其实这两种昆虫都不具备对体系的认知能力，对于困住它们的广口瓶一无所知，不知道出口在哪里。但是苍蝇被装进瓶子后会乱动，频率非常快，它疯狂地找出口，碰出口，侥幸被它碰到，就逃出生天。但是蜜蜂不行，蜜蜂的行动是很科学的，包括去哪里采蜜，碰到同伴跳八字舞等，都是非常有规律的，所以它进入广口瓶后不盲动，按照自己的习惯试几次后，蜜蜂便趴在瓶壁上，再也不动，最后就死在了里面。

这就像改革开放初期一些具备勇气和魄力，但缺乏其他能力的创业者，他做做这个不行，马上换了别个，试了很多领域，总有一个行的，因为那是一个需求大于供给的社会，多方尝试，总会撞到一个需求点，这也就是他的财富出口。但时过境迁，今时不同往日，现在是大胆试错加快速迭代时代，没有清醒认知的盲动，只会导致战略上的迷失，非常不可取。

有一本著名的畅销书叫《软科学》，里面提到了"行动科学"的概念。其实所谓行动科学，我们不妨把它颠倒过来，就是科学行动而已。科学行动必然离不开科学的理论或理念，说到底还是"知行合一"。

2. 大道至简，知易行难

讲一个历史故事：

有一次，大诗人白居易去拜访一位禅师。这个禅师叫鸟窠禅师，是个异僧，不住在庙里，而在一株大松树上搭了个鸟窝似的住所，其法名"鸟窠"，就是"鸟窝"的意思。白居易虚心求教："请问禅师，什么是修行的主旨？"禅师说："诸恶莫做，诸善奉行！"说白了，就是刘备所说的，"莫以善小而不为，莫以恶小而为之"。从三国到中唐，已经过去了数百年，这句话已经成了一句大俗话，流传度很广。而白居易本以为禅师会开示自己一些深奥的道理，没想到却是如此平常，感到很失望，说："这是三岁小孩儿都知道的道理啊！"禅师说："三岁小孩虽然都知道，但八十岁的老翁却未必能做得。"白居易心头一震，作礼而去。

从这个故事中，后人提炼出了"知易行难"四个字。其实这话是不对的，真知得来也不易。所以王阳明后来讲"知行合一"，很好地整合了知与行，也就是说：掌握知识、了解真理很重要，但实践精神与实际运用也很重要。

人如其名的著名教育家、思想家陶行知，曾经写过一首儿童诗："人生两个宝，双手与大脑。用脑不用手，快要被打倒。用手不用脑，饭也吃不饱。手脑都会用，才算是开天辟地的大好佬。"大好佬，是扬州方言，意思是了不起的人。陶行知先生对中国教育事业做出的巨大贡献就不必在这里复述了，我们讲一个细节：

1920年，陶行知亲赴北大取经，为招收女生，男女同校做准备。有一天，他到当时的北大代理校长蒋梦麟家吃饭，提议要在这位北大代理校长家中扫盲。见蒋校长面露难色，就问："北大代理校长家里可以容得下不识字的人吗？"蒋校长回答："错是不错。"陶行知又说："既是不错就要干。从今天起，家里的人不识字的都要读书，识字的都要教书。"蒋校长马上找来他的世兄和门房，陶行知马上就开教，并让他们学会后去教老妈子和车夫，他俩很高兴。见到这情景，蒋校长佩服地说："你很有传教的精神。"

我们再来谈谈稻盛和夫。这些年，他的人与他的书，他的干法与活法，都很火。"作为人，何为正确"，这是稻盛和夫先生的人生经验之谈，也是他在经营管理中推行的基本理念，极简单又极深奥。简单到让很多人不屑一顾，深奥到很多人都做不来。之所以提出这样的问题来，其实就是因为很多人都不知道作为人何为正确了，也就是没有建立起正确的价值观。

要正直、不可撒谎、不可骗人、要信守承诺、要关爱他人，等等。这些都是孩童时代，父母和老师教给我们的最朴实的道德观。千万别小瞧啊，如果都做到，那就是圣贤了。遗憾的是，没有几个人能够把这些准则全面贯彻到人生之始终，甚至都在偏离。以至于有人干坏事，你告诉他，他都不信，因为他的判断标准都错了。当然，也有不少人是揣着明白装糊涂，他不是不知道对错，只是在面对抉择时，选择了现实利益，而不是道义与规则。

那稻盛和夫的理念是从何而来呢？其实还是我们中国的儒家经典。具体说来，它出自《尚书·说命中》，即"非知之艰，行之惟艰"之说，这也是中国古代认识论里的一个基本观点，从春秋战国时期到明末清初的王夫之，这一观点已深入人心。日本作为长期受汉文化影响的国家，很难不受影响。另外，坊间对"知易行难"的解释也不够精准，标准的解释是认识事情的道理较易，实行其事较难。还是那句话，认识真理也并不容易，只是相对于真正的践行，还是比较容易的。

王阳明说："破山中贼易，破心中贼难！"许多事，人人明白，却不动手，因为总有一双贼手在你的意识中拉着你，让你天人交战，我是这么干呢？还是那么干呢？这还是好的，能纠结的人，通常来说都不会坏到哪儿去，最怕无动于衷的人。

我们就来讲一个真贼的事：

王阳明在庐陵担任县令时，手下抓到了一个小偷。他死猪不怕开水烫，情知自己犯的不是死罪，还故意挑衅："你不是总讲什么'致良知'吗？我是个小偷，我就没有良知！你想怎么着就怎么着吧，别废话了！"

王阳明一笑，说："可以啊！看来你不是个一般的小偷。我今天就不审你了，咱们随便聊聊就行。天气这么热，你把外衣脱了吧！"说完，让手下给小偷松绑。

小偷说："脱就脱！"马上脱了外衣。

过了一会儿，王阳明又说："天气实在是热，不如把内衣也脱了吧！"

小偷还是不以为然的样子："光膀子也是经常的事，没什么大不了的。"马上又脱了内衣。

又过了一会儿，王阳明说："膀子都光了，不如你把内裤也脱了，一丝不挂，岂不更自在？"

小偷却慌忙摆手说："那可不行！"

王阳明说："有什么不行的？看来你还是有廉耻之心的，还是有良知的，你并非一无是处呀！"

小偷打心眼里服了，马上跪倒认罪。

一般人都不至于糊涂到这种程度，大家只是不觉察，习惯性地按照看上去很正确的行事规则行事。比如垃圾在地，人人生厌，却无人捡拾扔进果皮箱。有的小朋友去捡，家长不鼓励，反倒骂他："多脏啊！"再比如公共汽车上，白发苍苍的老人站立一旁，肯让座的仍然是极少数有素质的人。谁都知道"吸烟有害健康"，然而广大烟民还不是"宁舍一顿饭，不舍一袋烟"？谁都知道酒大伤身，酒多误事，但因为喝美了结果把事情办砸了的人到处都是。

再比如骂人，谁都知道不对，但包括小学生在内的很多国人，每天都在骂着各类国骂。在有些地方，有些人之间，骂人居然还是一种亲密的表现！难道说，大家不知道自己做得不对？都知道，只是大家做不到，管不住自己，总是放纵自己去触碰那些一点儿都不该去碰的东西，碰上了又往往爱不释手。痛并快乐着，爱并担心着，正是很多人的内心写照。写到这里，我似乎有点儿理解王阳明为什么在宣扬"知行合一"时，过于重视个人的道德修养而忽略客观知识了：或许是一种有意的取舍与强调吧！

第十五份礼物：厚积薄发

1. 坐得冷板凳，吃得冷猪肉

范文澜先生是近代著名历史学家，曾先后在南开大学、北京大学、河南大学、北京师范大学、中国大学、辅仁大学、中原大学等校任教，他有一句名言："坐得冷板凳，吃得冷猪肉。"

什么意思呢？在古代，那些道德高深、精通学问又为国家人民做出了巨大贡献的人，去世后，其灵牌可以放在文庙中，享受特殊待遇——与孔圣人一起分享后人供奉的冷猪肉。但你若没有把冷板凳坐热的精神，年复一年、日复一日地刻苦钻研，是不可能出人头地、取得成功，当然也就不可能享受祭孔的"冷猪肉"。"冷板凳"和"冷猪肉"一向相辅相成，并且只有先吃苦，日后才能享受成功的喜悦。包括范先生在内的所有大师，之所以名扬中外、名垂青史，也正是因为他们坐了数年甚至长达数十年的"冷板凳"。

比如另一位范姓名人——范仲淹，他的故事也很有教育意义。范仲淹幼年丧父，家境贫寒，他读书时经常是每天晚上煮一小锅粥，等粥凉后，切上一些咸菜，分成两份，第二天早晚各吃一份，天天如此。但他非常用功，并且心怀天下。有一次，赶上皇帝外出巡游，要路过他读书的地方，所有人都跑去看皇帝，唯有范仲淹，继续读书，不动如山。几个要好的同学就来找他，说快去看看吧，皇帝来一回太不容易了。范仲淹却淡定地说："不就是皇帝吗？以后再见不迟。"说完继续读书。第二年，他便考中了进士，不仅见到了皇帝，还被委以地方官之职，从此走上了"先天下之忧而忧，后天下之乐而乐"的道路。

"非宁静无以致远，非淡泊无以明志"，这是诸葛亮的名言。这句话原本出自诸葛亮的《诫子书》，即写给儿子、教导儿子如何修身养性、治学做人的一封家信。当时，诸葛亮已经 54 岁，其子诸葛瞻 8 岁，聪慧可爱，颇为早熟，做父亲的按说应该感到高兴才是，诸葛亮当然也感到高兴，不过在高兴的同时，诸葛亮也不乏担忧之情。同年，他还在另一封写给长兄诸葛瑾的家书中提及，"瞻今已 8 岁，聪慧可爱，嫌其早成，恐不为重器耳"，也就是说，诸葛亮担忧的恰恰是儿子的聪明。

无独有偶，诸葛瑾也颇为自己的儿子诸葛恪担心，担心的理由同样是聪明。诸葛恪的聪明是有史料记载的，史书上说，孙权这个人喜欢开玩笑，有一次聚会，他故意命人牵来一头驴，驴头上挂着一个牌子，上写"诸葛子瑜"四个大字，子瑜，就是诸葛瑾的字，孙权此举，意在戏弄诸葛瑾那张大长脸，这样一来，孙权和别的大臣都笑了，唯独诸葛瑾笑不出来，又不好发火，当时幼年诸葛恪也在场，他随手拿起一支笔，跑到驴前，在"诸葛子瑜"后面加上了两个字——之驴，直令所有人赞叹不已。孙权还把那头驴赐给了诸葛恪。包括诸葛亮，也非常欣赏这个侄子，唯独诸葛瑾忧心忡忡，认为诸葛恪虽然聪明，但绝非"保家之主"，因为他的聪明尽显于外。后来，诸葛恪果然在 51 岁时连累一家三族悉数被诛！

诸葛瞻的结局也不完美，37 岁时，魏将邓艾率兵入川，诸葛瞻率诸路军马迎战，宁死不降，践行了儒家"文死谏，武死战"的格言。其子诸葛尚听说军败后，也冲入敌阵战死，称得上一门忠烈。远非既失德又失策最后死于政治斗争的诸葛恪可比。同时，诸葛瞻在才学尤其是书法和绘画艺术上均有一定造诣，是当时屈指可数的人才，诸葛亮对他早年的教育，如《诫子书》，对其品德和才学，自然起到了不可忽视的作用。

诸葛亮的《诫子书》，首重一个"静"字，通俗地说，就是现代人常说的"静心"。心不静，就会急功近利，浮躁毛糙，从而不能平静安详、全神贯注地刻苦学习、孜孜以求，就不能实现远大的目标，最后枉费青春，碌碌无为。心不静，即使学得浑身本领，又难免故步自封，刚愎自用，诸葛恪以及历史上很多英雄级的人物，都是毁在了这一点上。

比如秦末的项羽。史书记载，项羽少年的时候，不好好读书，学剑也未学成，他说："书足以记姓名而已，剑一人敌，不足学，学万人敌。"于是项梁开始教他兵法。但是学习兵法也浅尝辄止，最后导致他志大才疏，刚愎自用，失败后心理素质又不太好，结果乌江自刎，可见成大事绝不是发发"彼可取而代之"之类的豪言那么简单。

对现代人来说，"宁静"的要义主要还在于杜绝怠惰急险躁，耐住寂寞，抵住诱惑，把心沉下来，切切实实地投身于自己所从事的领域，扎扎实实地走好每一步。假如你是学文的，你就投入时间认真看书吧，给自己十年时间，读几百本书，换成古人的竹简，已经不下万卷了，所谓"腹有诗书气自华""读书破万卷，下笔如有神"，到那时候，你想不成为学者都难。假如你是学理的，那就把精力和时间用在专项研究上，假以时日，成为专家也不是没有可能。就算你不做学问，不搞研究，只从事一门技艺或者技能，长期沉浸其中，摸爬滚打，你也会手熟得像欧阳修笔下的卖油翁，人见人钦。

诸葛亮本人或许就是最好的例子。正如诸葛亮在《出师表》中所说，他也不过是个布衣出身，躬耕于垄亩，尽管他在《出师表》中也说，自己"不求闻达于诸侯"，但我们完全可以把它看作是一种场面话，不过话说回来，"闻达于诸侯"也不是什么丢人的事，问题的关键是如何做才能"闻达于诸侯"。具体到诸葛亮，那就是博览群书，精研兵法，静观时势，深思慎取。诸葛亮出道之前是如何用功的，并没有具体资料，不过可以确定一点，诸葛亮也不是一生下来就被人称为"卧龙"，其才学、智慧，都是后天学来的，都离不开"勤奋"二字与不断地戒骄戒躁，这正如他在《诫子书》中对儿子所要求的一样。

哈佛大学终身教授林希虹女士也有一句名言："心有多静，舞台就有多大。"有人可能没听说过这句话，但一定听说过类似的一句话：心有多大，舞台就有多大。这句话的积极意义自然不容置疑，不过无数事实也证明，心有多大，舞台未必就有多大。光有"心"，还远远不够。很多人并不缺雄心、野心，但"心有余而力不足"的人我们见得太多了。说到底，"心"只是前提，实力才是王道。没有实力，心始终都是虚的。

"高高山顶立，深深海底行"，这是先哲对我们的教导，也是古往今来无数出类拔萃者用切身经历所证明了的成功铁律。就好比一粒种子，想发芽，首先得钻到土里去。

2. 脱下"优越"的假名牌

所谓"优越感"，简单来说就是自我感觉良好。美丽的容貌、殷实的家境、广博的知识等，都能让人产生优越感。如果能考上北大这样的名校，无疑也会让人备感优越。社会上很多人不都是这样看的吗？

平心而论，有优越感总比自卑好，但一个人若时时处处都觉得自己很优越，不能放下，那就不是自信，而是嚣张了。心中存有这种轻浮的自我意识，就好比穿着假名牌上街，只能彰显自己的俗艳与肤浅。

俗话说得好，"越是好谷子，越是猫着腰"。有着"当代毕昇"之称的北大计算机研究所所长王选也说过："名人和凡人差别在什么地方呢？名人用过的东西，就是文物了，凡人用过的就是废物；名人做一点儿错事，写起来叫名人轶事，凡人呢，就是犯傻；名人强词夺理，叫作雄辩，凡人就是狡辩了；名人跟人握握手，叫作平易近人，凡人就是巴结别人了；名人打扮得不修边幅，叫真有艺术家的气质，凡人呢，就是流里流气的；名人喝酒，叫豪饮，凡人就叫贪杯；名人老了，称呼变成王老，凡人就只能叫老王。这样一讲呢，我似乎慢慢在变成一个名人了，在我贡献越来越少的时候，忽然名气大了。所以要保持一个良好的心态，认识到自己是一个非常普通的人，而且正处在犯错误的危险年龄上。这在历史上不乏先例。"

恰如中国工程院院士倪光南所说，"王选既是优秀的科学家，又是杰出的企业家；他既有精湛深厚的学术造诣，又有坚忍不拔的实干精神"。尤为可贵的是，他淡泊名利，又艰辛创业；敢为人先，又谦虚低调。后来他虽然有了越来越多的头衔与光环，但在真正熟悉他的人眼中，他还是那个普通得再也不能普通的"老王"，还是那么可亲。

世界是平的，人心也应该是平的。这是多么简单的道理。可是有太多人不愿意认同这一点，不明白每个生命都不卑贱，卑贱的只是某些人的品质。其实越是觉着高人一等，就越是自卑，就越是玻璃心。反过来说，如果你真的有过人之处，也会自带光环，不必刻意炫耀。人要学会平视自己，也要学会平视众生。把心思都用在这些小地方，只会耽误正业。

有人说，中国人要么仰视，要么俯视，就是学不会平视。这实在是看到了骨子里。人们时常说，文人相轻，其实非文人也好不到哪儿去：城里人看不起外地人，正式工看不起临时工，骑自行车的看不起走路的……在几年前的一档电视节目中，主持人在开场白中甚至讲了这样一个笑话：某大学门口，两个90后谈恋爱，突然，女孩发火，指着男孩鼻子说："你回去找你那个八九年的老女人吧！"先天上的、年龄上的一点儿优势，而且还是见仁见智的一点儿优势，都可以让人如此神气，你说大家还有什么不能比的吧？

有些人的优越感似乎是"天生"的，即使自己没有优势、没有

北大给青少年的珍贵礼物／

能力、没有创造、没有成就，却仍能时时刻刻地自我感觉良好。或者，他们过去可能真的优越过，但时过境迁，自己明明已经今非昔比，心态却跟不上形势变化，总是拿过去的皇历看事情。这种优越，其实是阿Q精神，是鸭子死了嘴硬，是不肯面对现实。

众所周知，现在普遍存在着大学生就业难的问题。在全球经济仍不乐观的今天，在每年新增数百万大学毕业生的今天，就业危机是不可回避的现实，而且在一定时间内不可能得到100%的解决，甚至会更加严峻。但是另一方面，我们的"天之骄子"们在抱怨压力大、竞争激烈的同时，是否曾经考虑过自己的心态问题呢？或者说，你是不是一个眼高手低的人？

很多年轻人，刚刚走出校园时，总是对自己抱有很高的期望，认为自己一开始工作就应该得到重用，就应该得到相当丰厚的报酬。但众所周知，由于刚刚踏入社会的人缺乏必要的工作技能和相关经验，根本无法委以重任，薪水自然也不可能很高，于是他们信心也没了，热情也没了，工作上能应付就应付，能少做就少做，最终高不成低不就，破罐子一摔到底。

几年前，北大才子陈生在广州卖猪肉的新闻曾一度被炒得火爆。很多人认为，北大是国内著名的高等学府，但北大毕业生却干起了屠夫的差事，真是有些"浪费人才"。也有人认为陈生醉翁之意不在酒，是炒作，想靠这个吸引眼球。还有人抱着闲着也是闲着不如看看热闹的心态，赌他能坚持多久。

社会上的质疑声给陈生带来的心理压力可想而知，但他并没有退却，而是选择了坚持。他用行动告诉我们，不是所有的北大毕业生都必须坐在办公室里，只要肯放下架子，哪里都能做出一番天地。如今，他的坚持已经"初见成效"：在广州开设了近100家猪肉连锁店，营业额达到2个亿，人称"猪肉大王"。

成为"猪肉大王"就算成功吗？未必。很多人时至今日也想不通，上了这么好的大学，揣着那么硬的学历，干点什么不行，非得干卖猪肉这样的"粗活"？这种人，永远也不可能明白，工作是没有粗细之分的，有的只是分别心。

我们再来看看"北大屠夫"陆步轩的故事。

陆步轩是陕西省长安县人，1985年，他以全县第一的成绩考入北大。但由于各种原因，北大终于没能成为他改变命运的那根稻草。他在机关混过日子，住过单位家属院的门房，后来"被迫"下海做生意，都不成气候。在人生的最低谷，他甚至做起了职业赌徒，苦心钻研牌技，再也不跟人提北大，也不许身边的人提。

蹉跎多年后，他干起了猪肉铺。虽说生活有保障，但却成了村里的反面典型，村民教育孩子好好学习时，孩子张口就说"学习好有什么用，北大毕业都卖猪肉"！所以他很少回老家，自己也深觉读书无用。他的肉铺挨着一个小卖店，很长时间内，老板一直认为他是个文盲。

一次偶然的机会，"北大才子西安街头卖肉"的新闻被炒得人尽皆知，他的"北大"身份再也瞒不住了，舆论也给地方政府造成了压力，不断有人邀请他回到体制内。尽管当时肉店的盈利早已超过公务员工资，可他还是选择了到地方志办公室工作。对他来说，这不是钱的问题，是身份认同的问题。此后他一干就是12年，直到他再也不想混吃等死下去了，才再度下海。这一次，他已不为糊口，而是要打造连锁品牌。之前他是生活所迫，而现在，是事业追求。

他追求到了自己想要的，收入日增，但内心始终无法和解。回母校演讲时，他说自己是北大的"丑角"，绝非自嘲，而是真心。他说："北大作为中国顶尖名校，培养的是政治家、科学家、教育家，而我是个猪佬。"他还写过："如果认为北大学生卖肉完全正常的话，为什么不在北大开设屠夫系，内设屠宰专业、拔毛专业、剔皮剁骨专业，那样卖起肉来岂不更专业？"但是，与同学们接触多了，久了，

116

他发现自己的观念就算不是错的，也有失偏颇。这时，陈生又及时向他伸出了橄榄枝。

陈生说，老校长许智宏在谈到就业问题时都说，北大毕业生卖肉也没什么不妥，你为什么放不下自己的成见呢？然后，二人从养猪做起，联手卖品牌猪肉，还开办了屠夫学校。陆步轩自己编写讲义，并亲自授课，填补了国内屠夫专业学校和专业教材的空白。

后来，陆步轩回顾自己走过的路，说："过去我拒绝北大的标签，现在才知道北大是把双刃剑：你做得好，人说你是北大的，应该的；你稍有差池，人就嘲笑你，北大的就这水平。"我想，这话也适用于每一所学校的每一个学生，以及每一个组织的每一个人。除了你自己，都是标签而已。

第十六份礼物：力学不倦

1. 不费力气的学习不值一提

我们先来看一个故事：

据说有一次，古希腊哲学家苏格拉底去海边游泳，一个青年走过来问他："怎么才能获得知识？"苏格拉底让这个青年下到海里，然后趁他不注意，一下子把他的头摁进水里，年轻人本能地挣扎出水面，没想到苏格拉底又一次把他摁进水中，这次用的力气更大，年轻人拼命挣扎，才将头探出水面。

这时，苏格拉底问他："你在水里最大的愿望是什么？"

"空气！当然是呼吸新鲜空气！"青年回答。

"对！"苏格拉底说，"学习知识必须要有强烈的求知欲，就像你刚才强烈的求生欲望一样。如果使上这股劲儿，还怕不能获得知识？"

上面这个故事未必属实，但道理是不错的。时下，总有人一边贩卖着焦虑，一边打出各种关于轻松学习的广告。比如"让你毫不费力学英语""让你毫不费力学写作""毫不费力做自媒体""毫不费力当网红"，等等。实践证明，广告就是广告，玩的就是让你心跳，除了付费环节毫不费力，真正的学习怎么能毫不费力？或许你确实学到了某些东西，并且真的毫不费力，但真正学到的都是些浅层次的东西。精明的商家，最擅长的事情就是把垃圾卖出高价。

真正的知识，很少有不枯燥的。或许领你入门的人善用机巧，把一些环节设计得夺目吸睛，引人入胜，但过了这个阶段，必然是耗费心血的深层次学习。所谓"师父领进门，修行在个人"，说的正是这个道理。

而不花力气的学习，听上去很妙，看上去也很美，实则如同在沙滩上写字，潮水一来，便冲刷得干干净净。很多人相信"临阵磨枪，不快也光"，喜欢考前恶补，并且屡屡收获奇迹。其实这种方法实质上还是为了应付，并不代表他们真的掌握了知识，更谈不上精通，当然也就谈不上内化为自己的能力，学以致用，并在实践中检验、修正了。

学习必然要花费力气，有些方法短期之内可能收效颇丰，但长期来看，其实是在走弯路。本来想省些力气，到头来却浪费了精力，最重要的是还会赔上时间，得不偿失。

我们再来看一个寓言：

初秋，蚂蚁排着长长的队伍，忙碌地搬运食物。一只小燕子看到了，赶紧飞过来问："你们在这里做什么呀？""贮藏食物准备过冬啊！"一只蚂蚁回答。"你们可真聪明啊！"小燕子敬佩地说："我也要这样做。"它立即动手，把一些死苍蝇、死蜘蛛往巢里衔。母亲忍不住问："你弄这些东西做什么呢？"小燕子说："准备过冬呀！亲爱的妈妈，你也来搜集吧！是蚂蚁把这种方法教给我的。""噢，把这种小聪明让给那些蚂蚁吧！"老燕子说："适合它们做的，并不适合优秀的燕子。仁慈的大自然给我们做了更好的安排。如果食物丰盛的夏天结束了，我们就从这里飞走。在旅行中我们会慢慢地休养生息，随后迎接我们的是温暖的沼泽，在那里我们一点儿也不缺乏食物，直到一个新的春天到来。"

这个故事强调的是学习不要机械模仿，不能浅尝辄止。否则，你只能学到表面上的知识，甚至会学到似是而非的假知识、伪道理，坑了自己还尚且不知。

有句话说得好，要想出头，必须埋头。不断保持学习力，才能看起来毫不费力。就像戏水的鸭子，看上去安静从容，但在水底下，鸭子的两只脚在忙活个不停。或者也正是因此，安徒生才会把他的童话主角设定为丑小鸭，而不是别的动物。很多人也是这样，展现给你的只是光鲜亮丽、潇洒从容的一面，比如旅游、吃大餐、打高尔夫、K歌，私下里，人家拼命学习时，你并没有看到。

就以北京大学的学生们为例吧，很多人都想了解一下，这些人到底有什么不同，为什么与一般人差距那么大？其实，他们并不像很多人传说中那么神奇，与普通人并没有基因上的明显不同，完全没必要把他们神话。与其把他们神话，不如像他们一样勤奋。

我们举一个具体的细节：自习。

一般来说，晚上十点半以后，北大大部分自习室就关门了。比如第二教学楼、第三教学楼、北大理科教学楼等，只有部分院系的专门自习室24小时开放。后来，很多院系考虑到学生需求，虽说不至于通宵，但也放宽了限制。而一旦到了应考季，就算开放多少自习室也是供不应求，稍微晚一点儿就抢不到地方，抢不到地方的同学只能去"牛教"。

所谓"牛教"，乃是北大人的戏谑之词，就是卖牛肉面的地方。也就是北大周边的一家牛肉面馆，北大学子把它当作自习教室。除了"牛教"，还有"城教"，也就是附近一家"城隍庙小吃"，也被发展成了自习室。再后来，周边的各种小吃店都被北大学子们攻占了。这些学生全都醉翁之意不在酒，不做食客做"习客"。各小吃店的效益会不会因此受影响呢？其实不会。一是因为学生们的主要活动时间通常在晚上十点半学校自习室关门以后，他们是转战至此。二是因为店里在理解学生们的同时，开设了诸如"N元畅饮"之类的特色服务，相得益彰。

无可否认，这个世界上存在着各种真实有效的学习方法。我们也会在后面的章节中介绍一些，并且不限于北大。但它们充其量只能让我们走得更快些，少走些弯路，而不能代替学习本身。学习就像跑步，哪怕在跑步机上跑，你不流汗也是不行的。从本质上说，它就是个"劳其筋骨，苦其心志"的过程。你上了北大，不努力了，不追求了，也没法毕业。北大每年都有一些学生被劝退，只是没有人知道罢了。

这些被劝退的学生都有哪些问题呢？具体的人我们就不讲了，主要说来就是不肯在正地方用功了，光在歪道上用功。具体的案例我们也不讲了，我们来讲讲《三字经》中所说的"如囊萤"的故事。

这个故事大家小时候都学过，说的是东晋时，有个人叫车胤，自幼聪颖好学，奈何境贫寒，晚上连读书的灯油都买不起。但他很有办法，每到夏夜就捕捉萤火虫，放在囊中，用以照明，夜以继日地学习，最终通晓了很多知识，允文允武，位列朝臣。

复述它有什么意义呢？主要是为了引出它的升级版本。话说车胤后来成功了，名气越来越大，好多人都效仿他，努力攻读，也取得了一些成效。其中有一位书生，名声最响。附近一些人就去拜访书生，想讨教一些更为具体的学习办法。谁知到了书生家，被告知白天的时候不要来，来了也见不到人，因为书生白天很忙——忙着到处捉萤火虫呢！

这无疑是个冷笑话，放着白天的大好光阴不去读书，非要等到晚上凑着微弱的萤火虫的光芒去读书，实在是本末倒置。去"牛教"与"城教"的北大学子中，有没有平时不拜佛、考前抱佛脚的人呢？我想是有的，不过这不是重点，因为"如囊萤"的故事还没有完，升级版还能再升级。

到了清朝康熙年间，有一天，康熙皇帝突然想起，自己幼时读书时老师给他讲过这个故事，于是心血来潮，做起了实验。他派人捉来几百只萤火虫，结果发现其光线仍然微弱到根本看不清书上的字，便觉得自己上了古人的当。他在位的最后一年，还为此下了一道圣旨，告诉学子们书上的东西不可全信，比如这"囊萤读书"，就很荒唐。同样值得怀疑的还有众所周知的"映雪读书"的孙康，抛开下雪有没有光、有多强不谈，重要的是不可能天天下大雪，指望着老天下大雪再去读书，也就不必指望能读出什么成就来了。

有人解读说，车胤他们这么做，主要是因为在他们的时代还没有科举制度，像他们这种没背景的寒士想出人头地，只有靠名人推荐，而要想被人推荐总得有点儿名声，借萤火虫之光或大雪之光读书，算是另辟蹊径，这些举动容易引起别人的注意。更有人看《三国》流泪，为古人担心，追问诸如"车胤在没有萤火虫的季节怎么夜读"等较真儿的问题，其实这些都不是重点，当你对这些问题问个不休的时候，你可能已经在为自己的不努力寻找借口了。就算他们都是浪得虚名也没关系，反正自欺欺人者比比皆是，你只需要牢记，不费力气的学习终究不值一提，不论是谁，不论他在哪所学校。

2. 认清学习的本来面目

什么是学习的本来面目呢？

首先我们要知道，懒惰是大脑的天性。

几乎每个家长都会遇到孩子拖拉、偷懒、写作业慢等问题，有些家长动不动为之抓狂，把自己气得够呛。其实没必要，我们小时候也那样。因为我们的大脑它天生就爱偷懒。

确切地说，大脑不是要偷懒，它是想节约能量。我们知道，大脑是所有人体器官中最为复杂的一部分，并且是所有神经系统的中枢。当大脑全速运转的时候，它既要处理语数外、史地生，还要保持身体平衡，控制呼吸和心跳，并且兼顾视觉、听觉与感觉。这么多事情都要经过大脑，它不学着偷点儿懒，还不得累坏？

如果把人体比喻为一台汽车，那么大脑的耗油量最大。研究表明，成年人的大脑重约 1.4 千克，相当于成人体重的 2%。但从能耗方面看，大脑竟消耗了人体一日所需能量的 20%，很不成正比。除了大脑之外，其他人体器官乃至整个系统，均无须消耗如此多的能量。正因为如此，大脑不得不遵循"一切尽量节能"的天性，尽量按部就班地半自动化运行，讨厌改变与学习。

大脑总是会有选择性地先去做那些它认为当下最重要的事情，除了呼吸、心跳等性命攸关的大事之外，排在前面的还包括饮食、消化、排泄、睡眠等。举例来说，如果你现在饿了，乃至饿得发慌，那么你的大脑会放下手头所有工作，不遗余力地提醒你："你太饿了，你抓紧时间吃饭吧！你不吃，也要为你的大脑想想啊！"起初，它可能还会提醒你："最近有点累，吃点儿好的吧，犒劳一下自己！"但随着时间的延长，它又会告诉你："都快饿昏了，就别挑食了，是吃的就行，先吃饱再说！"

好不容易有吃的了，一边吃，你一边在想，一会儿可得赶紧把剩下的功课做做。可吃完了之后，你马上睡意袭来，勉强学习意义已经不大，这是因为你的大脑又在暗中为你安排好了，让你赶紧休息一下，恢复精力以后再学。

睡醒了之后，总该安排学习了吧？不，相对来说，学习其实是最不重要的事情，所以大脑对它的策略是能绕就绕，能躲就躲，能拖就拖。反正不学习也不会马上饿死，更不会困死，学习了也不会马上吃得更好、睡得更香……这就是大脑的想法，也是很多不爱学习的人的真实内心。

如果不必动脑就能吃上饭，或者吃得很好，那么人们就宁愿不动脑，这也是社会大众的真实写照。但是一旦意识到问题的严重性，尤其是关乎吃饭等根本问题了，那么人的紧迫感与学习积极性便随之而来。没办法，不学习连饭都吃不上了，而且不是开玩笑的，能不学习吗？当然，也可以换个角度，比如有奖竞赛，因为我们的大脑不仅天生懒惰，喜欢随大流，而且禁不住诱惑。

有个词叫作"惰性"，很显然，它是个负面词汇，不过客观地说，大部分人都有惰性，因为每个人的大脑都爱偷懒。无论多么优秀的北大学子，还是多么勤奋的清华学生，其大脑本质上都具有"惰性"。区别只在于，有人能克服这种惰性，有人不能。

所谓惰性，不过是一种心理状态，而且是一种可以调节、改变与激发的心理状态。我们学任何东西都需要大脑的参与，对大脑来说，学习就意味着改变，意味着创建新的连接，这是一个复杂的生物过程。通常来说，没有需求、没有兴趣，大脑就没有动力，人们就不会去学习。而只要驱动力足够大，兴趣点足够多，大脑同样欲罢不能。

由此我们又可以说，懒惰固然是大脑的天性，但大脑也不是不爱学习，只是需要有动力，有兴趣。

美国一所大学的专项研究表明，人类所有的行为都是由15种基本的欲望或价值观驱动并决定的，分别是好奇心、食物、荣誉感、被排斥的恐惧、性、体育运动、秩序、独立、复仇、社交、家庭、声望、厌恶、公民权和力量。通过更进一步的分析，研究人员发现，不同的人对这15种基本欲望的要求是不一样的。拿"性"来说，它对每个人来说都是愉悦的，但对每个人的驱动力有强有弱，有人可能终生沉溺其中，有的人却很超脱。其他欲望也是这样，有的人追逐成功，有的人淡泊名利，有人是工作狂，有人注重家庭与亲情。而排在第一位的就是"好奇心"，其本质则是人类的学习力。人类对学习的渴望是天生的，并且无法抗拒。只不过这里所说的学习是广义的，包括对外界的探索，对内在的思考等，都属于好奇心的范畴。它是如此的重要，以至于还排在"食物"之前，这或许是因为食物的获得，往往需要通过不断地学习与探索。

其实不仅是人类，所有生物要想生存与发展，都得不断去适应与学习。在北大学子中间流传着这样几个关于乌鸦学习的小段子，它们在当年鼓励过我，希望也能鼓励今天的你：

在英国，一只秃鼻乌鸦学会了用冒烟的雪茄屁股把藏在自己翅膀中的虫子熏出来。

在日本，乌鸦们发明了一种绝妙的吃果仁的办法：把坚果丢到车道上后，飞到一边等汽车开过，等红灯亮时，它们再飞到马路中央，安全地衔走那些被车碾碎的果仁。

美国一些大学的学生发现，有些乌鸦经常会从学生的饭盒里盗取食物，还偷偷地藏起来。而且它们会很快回到藏匿点，不断地转移赃物。这是因为它们做过贼，于是就疑心别的鸟也是贼。更有趣的是，它们藏匿食物时，如果有别的鸟在场，它们会趁那些鸟不注意时，迅速藏好食物，或者把嘴插进地里欺骗对方。

欧洲的研究人员发现，乌鸦富于创新，为取食蠕虫，它们会用铁丝制作铁钩！在实验中，研究人员先在桌上放了一个装有一小桶蠕虫的玻璃管，玻璃管很深，乌鸦无法直接用嘴吃到。而在玻璃管的旁边，研究人员放了一截比玻璃管长一些的笔直铁丝。然后观察几只圈养的成年乌鸦，看它们能否吃到玻璃管里的蠕虫。虽然这些乌鸦以前没接触过铁丝，也没见过人或其他动物使用铁丝，但是令人惊讶的一幕出现了：录像记录显示，乌鸦在发现无法直接吃到蠕虫后，立即将目光投向一旁的铁丝，然后先用嘴叼住铁丝的一头，很容易地折成了弯曲的钩子，接着再用嘴叼着铁丝另一头，将钩子伸进管内，钩出蠕虫，并成功吃到了美食！

……

第十七份礼物：上下求索

1. 不耻下问，才有学问

不耻下问，出自《论语·公冶长》，意思是指向地位、学问不如自己的人请教，而不感到丢面子，说明此人谦虚好学。具体说来，指的是孔文子。他原名孔圉，是春秋时期的卫国大夫，卫灵公时的名臣，卒后谥号"文"，后人尊称他为"孔文子"。但孔子的高足子贡不理解，于是问孔子："孔文子这个人，配得上这个'文'字吗？"现代人常说，知底的是老乡，子贡这么问，就在于他也是卫国人，他知道这位孔文子曾经做出过很多不符合臣子的行为，包括意欲攻打国君这样的事情。这事孔子当然也知道，事实上，正是在他的规劝下，孔文子才放弃了攻打国君。但是孔子说，孔文子之所以谥号为"文"，主要在于他聪明好学，又非常谦虚，也就是"敏而好学，不耻下问"。至于具体的表现，有人认为，恐怕恰恰就是他听取孔子的建议打消了攻打国君的念头这一次。孔子，相对于孔文子来说，不就是那个地位不及自己的人吗？其实就算是，也不尽然，孔文子的"文"又不是孔子定的，他能得到卫君的认可，可见还是当得起这个"文"字的。

中国历史上有很多不耻下问的名人，孔子本人就是典范。如《论语》中记载："子入太庙，每事问。或曰：'孰谓鄹人之子知礼乎？入太庙，每事问。'子闻之，曰：'是礼也。'"意思是说孔子进了太庙，这也问，那也问，于是有人质疑他："鄹人的儿子到底知不知道周礼啊？这也问，那也问。"鄹人指的就是孔子的父亲叔梁纥，他曾经做过鄹邑的大夫，古代习惯把某地的大夫称作某地人。这不是重点，重点是当时孔子已经小有名气了，但他进了太庙，这也问那也问，给人一种这也不懂那也不懂的感觉。据说，当时就有人悄悄拉他的袖子，小声劝他别看见什么问什么，显得啥都不懂，让人耻笑。但别人怎么看，孔子并不在意，他认为太庙祭祀是国家重要的典礼，仪式要严肃、隆重、认真，不能有半点儿差池，所以应该问明白，因此他说"是礼也"。

我们知道，孔子一向赞成周礼，并且致力于学习与恢复周礼，有机会就问，见高人就问。但周礼不仅繁杂，而且已经过去了几百年，既有发展，亦有遗失，所以没有人能够原原本本地全部掌握。孔子见老子，也是上来就问礼。老子的答复，也从侧面回应了我们前面所说："子所言者，其人（周公）与骨皆已朽矣。"

我们知道，当孔子问道于老子，老子实际上是持批评态度的，批评他不上道，不能出离。但孔子有孔子的追求，所以他能自成一家。这中间，断然离不开敏而好学，也断然离不开不耻下问。恰如孔子自己所说的："我非生而知之者，好古，敏以求之者也。"

用今天的话来说，孔子算是个非典型的官二代，他的父亲叔梁纥虽做过大夫，但在他小时候就去世了。17岁时，孔子的母亲也去世了。为求生存，他做过很多事情，未曾像别的贵族子弟一样接受正规教育，主要靠自学。有时间就读书，没有书就去借，有机会还外出游学。他拜见过老子，也拜访过其他大师，还时常向社会底层的人们学习，甚至向一个7岁的儿童求教，真正做到"敏以下问，学无常师"。

俗话说，"不耻下问，才有学问"，这句话本身就很有学问。如前所述，所谓"下"，一是指学问比自己低的人，二是指地位比自己低的人，二者之中，又主要指后者。试想一下，一个人如果真的学问不如你，你何必去问他？有人说，他某些方面可能比你强。确实，但人家某一方面既比你强，还叫学问不如你吗？现代人常说，实践出真知，在孔子的时代，以及任何时代，很多学问恰恰掌握在那些没有社会地位的人手中，很多端坐象牙塔的人如果学不会放下身段，不耻下问，把脑袋想破了也想不出来。

《庄子》中有一个很有意思的小故事，叫"轮扁斫轮"，也从侧面说明了这个道理：

齐桓公在堂上读书，制作车轮的匠人在堂下砍削车轮，干着干着，他放下工具，去问齐桓公："请问您所读的书里说的是些什么呢？"齐桓公说："是圣人的话语。"匠人说："圣人还在世吗？"齐桓公说："已经死了。"匠人说："这样啊，那么您所读的书，基本上全是古人的糟粕！"齐桓公说："寡人读书，你个做车轮的人怎么敢妄加评议呢？你能讲出点道理来还好说，你要讲不出来，就处死你！"匠人说："我是从我的实际工作中体会到这个道理的。你看我砍削车轮时，动作慢了快了都不行，要不慢不快，恰到好处才行，但个中要领如果只通过语言去描述，连我儿子也听不懂。所以我现在都七十岁了，还在这里给您砍削车轮。古人的道理也是这样，不可言传，形成文字就更不准确了，那么您所读的书不是古人留下来的糟粕是什么？"

这位制作车轮的匠人，技巧肯定是高超的，不然也不可能到国君的堂下去制作车轮，用今天的话说，起码得是个具备超级工匠精神的某某民间技艺传承人。这样的人，古代与今天都不少，正所谓"高手在民间"，很多东西你花钱大师都未必肯教你，诚心求教，还要讲个缘分。没点儿不耻下问的精神，肯定是不行的。有人说，就是因为这样，中国的绝学才会越来越少。实际上未必少，只是你没机会罢了。就算有机会，没有点儿不耻下问的精神，人家又凭什么教你呢？难道让人上赶着去找你，求着你学？

我们来讲讲黄侃的故事。

黄侃是北大名宿，国学大师，做学问极其严谨，为人却嬉笑怒骂，

北大给青少年的珍贵礼物／

放浪形骸。因为性情与学问兼备，他桃李满天下，但很多人只能学到他的一些皮毛。要想学到真本事，必须天赋极佳，同时要进行正式的拜师仪式，否则管你是谁，黄大师绝不理会。

比如他的学生杨伯峻，是与黄侃有交情的大学者杨树达的侄子，但交情归交情，也必须磕头拜师。杨伯峻是新式青年，不愿意磕头，叔叔一再点拨，才硬着头皮，磕头表明诚心。然后黄侃说："你已经是我的门生了。"接着又解释说，大家都知道他和刘师培亦师亦友，刘师培不过长他两岁，但却是他经学的老师。章太炎也是黄侃的老师，他们三人在一起时，无所不谈。但以前一谈到经学，只要有黄侃在，刘师培就不开口。黄侃想，他和章太炎能谈经学，为什么不愿意和我谈？多半是他要我拜他为师，才肯传授于我。于是黄侃找了个机会，向刘师培磕头拜师，然后系统性地学习了刘师培的经学功夫。"我的学问是磕头得来的，所以我收弟子，一定要他们也磕头。"

陆宗达也是黄侃的学生。拜过师后，黄侃一个字也没给陆宗达讲，只给了他一本没有标点的《说文解字》，说："点上标点，点完见我。"陆宗达不太理解，但依教而行。再见老师时，黄侃翻翻那本卷了边的《说完解字》，说："再买一本，重新点上。"第三次见黄侃时，陆宗达满以为老师要教点儿别的了，谁知黄侃看看书，点点头，还是那句话："再去买一本点上。"三个月后，陆宗达又来了，并且主动问黄侃："是不是还要再点一本？我已经准备好了。"黄侃说："标点三次，《说文解字》你已经烂熟于心，这文字之学，你已得大半，不用再点了。以后，你做学问也用不着再翻这书了。"说完，黄侃将书扔进书堆，这才给陆宗达讲起了学问的事。后来，陆宗达终成我国现代训诂学界的泰斗。他回忆说："当年翻烂了三本《说文解字》，从此做起学问来，轻松得如庖丁解牛。"

有人可能会说，噢，就这样啊！没错，就这样，但不要以为这很简单，大师不指点你，你一生也想不明白。

据冯友兰先生回忆，黄侃在北大任教时，给学生讲课到关键时刻，总是突然停下来说，"这里有个秘密，专靠北大这几百块钱的薪水，我还不能讲，你们要我讲，得另外请我吃饭"。有没有人请呢？有。陆宗达就是其一。他不仅是黄侃的入门弟子，还能喝酒能抽烟，所以深得黄侃喜爱，二人常一边吃喝，一边论学，有时一顿饭要吃四五个小时，陆宗达每次都能从中学到许多在课堂上学不到的东西，获益良多。是不是不请吃饭就不能教呢？其实也不全是这样，主要是因为黄侃乃性情之人，学问又杂，酒酣耳热之际，才能生发奇思妙语，个中道理，只会读死书的书呆子永远也理解不了。

我是在蛊惑大家请老师吃饭吗？还是鼓励向老师磕头呢？都不是。时代变了，但尊师重道的传统永远不能变，真本事与真学问得来不易，三人行必有我师，见高人一定要拜！

2. 能自己解决的就不要问别人

大概20多年前，不满20岁的我在一家电脑培训机构学习打字。有一天，正在练习时，有一个字怎么也打不出来了，恰好老师要出门，我赶紧说："老师，先别走，先告诉我这个字用五笔怎么打！"老师不答反问："假设我现在已经出了门，你怎么办？"我茫然无解。

老师笑着说："很简单，你可以先用拼音打出来嘛！谁告诉你学了五笔就不能再用拼音了？能自己解决的问题就不要问老师，下次先尝试自己解决问题，实在解决不了再来问老师。这不是老师偷懒，而是为了培养你的自学精神与自己解决问题的能力。"

如今，20多年过去了，我的五笔打字法自然已经很纯熟了，盲打什么的都不在话下，可是依然会有一些字用五笔打不出来，还有一些字拼音也打不出来，因为根本不知道它念什么。但是由于具备了解决问题的能力，别说打字，就是造字，也不在话下。这不是吹牛，很多专业人士都会用电脑软件造字。套用一句广告语："妈妈再也不用担心我会不会打字！"

　　当然，我们都知道它的原话是"妈妈再也不用担心我的学习"，实际上父母也好，学校也好，首先要教授给孩子与学生的，就是这种独立思考、独立分析和独自解决问题的能力，要学会授之以渔，而不是授之以鱼。当然，最好是既能打鱼，又能烹鱼，还能在烹鱼的实践中悟出些"治大国若烹小鲜"的真理。如此，才谈得上综合素质。

　　《管子·权修》曰："一年之计，莫如树谷；十年之计，莫如树木；终身之计，莫如树人。"教育的任务就是树人，但不得不说，时下有很多家长与学校，联手把孩子树立成了生活几乎不能自理的孩子，倒杯开水这样的小事都不能轻松驾驭，拧个瓶盖儿都必须劳驾他人。说实话，这不叫树人，这叫坑人。这样的孩子长大了坑爹坑妈坑母校，实属情有可原。

　　美国心理学家的一项研究成果也显示，一个人能否成功解决问题，主要取决于他的经历，与他是否聪慧关系不大。因此，当学生遇到问题时，老师要积极引导，具体启发，给予鼓励，让学生勇敢面对问题，尽量自己想办法解决问题，从而在培养他们自我解决问题能力的同时，培养他们的独立思考、敢于挑战、不怕失败的强大内心，这其实也是每个人成长过程中不可或缺的一课。老师与父母一定要牢记，凡事不能包办，不能"越俎代庖"，要想办法调动学生，不使他们有偷懒的机会，不给他们依赖老师的可能性。不然，就像我们生活中常见的一个怪现象，勤快的妈妈往往养一个懒丫头，其实逻辑上一点儿也不奇怪，妈妈或者老师都包办了，孩子自然懒得思考，懒得动手了。

　　每个人的成长，都不可能一帆风顺，都会遇到这样那样的难题。能够解决自己的问题，你就是生活的强者。能够解决更多人的问题，你就是社会的中坚。如果你还是一个学生，那就先尝试着自学。因为太多职场人士的现实困境，追溯起来基本上都与上学时没有培养自学能力有关。因为我们接受的教育只告诉我们，好好听老师的话就行，没有专门的课程培养我们独立思考和自学的能力，但长大之后，每个人、每一处，都要求我们有自学、自习、独立工作、自食其力的能力。

蔡康永在北大演讲时，讲过这样一个故事：

有个学生对我吐槽："感觉考试好难呀，好想马上工作。"我说："现在你是学生，觉得几个月一次的考试很难，但是工作之后每天都是考试。没有老师教你，没有挂科补考，你需要每天自学，并且独自承受挂科的后果。你还觉得工作简单吗？"

的确，很多在学生时代缺乏自学能力的人，上了班之后才发现，很多事情你都得自己琢磨，领导安排工作时都只说个大概，很多地方都需要悟性。别人看一眼就能上手，你却毫无头绪。想找个人带你，却没人搭理你。

好在没有教练，我们还可以自我训练，没人带你还可以自己带自己。只要你懂得自学，能够自学，你就不必担心没有名师，你只会比那些日复一日坐在课堂里的被动学习者更好。

毋庸讳言，自学能力是所有能力中最重要的一种能力。自学能力意味着有自己的学习习惯和学习方法，也离不开自发自觉的学习愿望和求知欲。一个惰性十足的人，是谈不上自学的，更谈不上学有所成。

所以，北大校长蔡元培特别提倡自动、自学、自己研究的方法。他在《中学修身教科书》中写道："在学校不能单靠教科书和教习，讲堂功课固然要紧；自动自习，随时注意自己发现求学的门径和学问的兴趣，更为要紧。"基于此，他在主持北大期间，力邀了一大批并无高学历、高资历的新人学者，比如有着"中国最后一位大儒家"

之称的梁漱溟先生，到北大讲印度哲学时只有中学文凭，完全凭借自学成才，且当时只有 24 岁。而梁漱溟在《我的自学小史》一书中也曾经说过："所谓自学，应当就是一个人整个生命的向上自强，最要紧的是在生活中有自觉。"

另一北大名宿、历史学家钱穆，更是自学成才的典范。其父钱承沛去世时，钱穆才十二岁，不久，钱穆就辍学回家，然后靠着自学，一路从江南乡村走到北大燕园，之后又先后在清华大学、西南联大、北京师范大学、齐鲁大学、华西大学、四川大学、云南大学、江南大学教书，名动一时，桃李满天下。

2020 年年初，疫情肆虐，北大才子、著名诗人阿吾在网上说过一段很振奋人心的话："非常时期，全国中小学生全体在家自习。自习者，自己学习也。自己学习也可以表述为自学，做作业、温习、复习、预习等都是自学的某种形式。在本该去学校上学的日子，孩子们宅在家里自习，其自学能力直接影响着他们的学习效果。自学是学习能力的核心，但我们的早期学习都是以教为主。这个过程误导了很多人直至成年，他们以为学习就是参加什么班，去让人教。经验告诉我，谁更早拥有基本的自学能力，谁就更早开始了独立自主的人生。"

确实是这样，人与人之间的距离，很大程度上是被他们的自学能力拉开的。尤其是现在这个信息和知识每天都在爆炸的时代，一个人哪里有那么多机会让别人整天来教他？一个自学能力不强的人，注定了一天天被时代抛弃。

第十八份礼物：学习方法

1. 苏东坡的八面受敌法

这个世界上的学习方法有千千万万，每一个能跨进北大校园的人，都有一套自己的学习方法，但最主要的方法论也就那几种。如果你觉得死记硬背让自己更有安全感，也完全可以，学习方法不分高低，重要的是学习效果。但如果你想改变，那就试试很多北大学子们都知道的"八面受敌"学习法吧！

这种学习方法的发明人是著名的宋代大文豪苏轼，作为中国历史上顶尖的学霸之一，我们都知道，他诗、文、书、画俱佳，而且知识渊博，过目成诵。鲜为人知的是，他少年时代也曾为学习而苦恼，直到他发明了"八面受敌"读书法。

所谓八面，是指一本书中包含的各个方面的内容，它可以是政治政策，也可以是典章制度，还可以是公理公式，苏轼把它们想象成八类敌人，分列于东、南、西、北、东南、东北、西南、西北八方，想一招平定天下是不行的，只能逐一击破。那好，你就带着目的去读书，越具体越好。比如这一次，你什么也不用管，只管对准南方的敌人——历史重要年份——开战，那就把相应的历史阶段所有重大的年份、年号与事件，逐个去搜集、整理、记忆就好，如果再配合相应的记忆诀窍，效果肯定会更好。再比如下一遍，你依旧不管其他，只管攻击北方的敌人——历代典章制度——即可，肯定比以往那种漫无目的的涉猎好很多。

苏轼曾专门把这个办法教给自己的侄女婿王庠，说一本好书就像广阔的知识海洋，不仅内容丰富，而且学问也很深。读一本好书，要尽量每次只带一个目标，或是朝着一个方面的问题去深度探索，直至完全弄懂。这就像打仗一样，把敌人化整为零，各个击破。不然，就只能慨叹书中虽然到处都是知识，但却无从下手，最后一无所得。他还以自己为例，说自己就是这样读《汉书》的：第一遍学习"治世之道"，第二遍学习"用兵之法"，第三遍研究人物和官制。数遍之后，苏轼对《汉书》多方面的内容便熟识了。

不仅如此，他还曾经三抄《汉书》。一天，有位朋友去看他，问他在做什么，苏轼答："我正在抄《汉书》。"客人很不理解，你公认的天赋好，还用得着抄书吗？苏轼说："当然，不过我抄书有方法。第一遍，我每段只抄三个字，第二遍每段抄两个字，现在是第三遍，每段只需抄一个字。"其实，苏轼不仅三抄《汉书》，其他的史书如《史记》等，他也曾这样一遍又一遍地抄写，并且给自己这种方法起了个名字，叫"愚钝三法"。

正像苏轼说的，方法虽然愚钝，但是非常有效。有效到什么程度呢？有一次，苏轼问他的同乡，有着"小东坡"之称的才子唐庚最近在读什么书？唐庚说："《晋书》。"然后吮吮吮地讲起来，苏轼突然插入一句："里面有什么好听的亭子的名称吗？"把唐庚给问住了，真答不出来。事后，他才领悟到，这是苏轼在教他读书之法，大为感叹。说白了，只要你带着目的去读书，就知道自己想要的是什么，就可以对学习内容有所取舍，专注一道，聚焦一点，全力拿下。

这颇有点儿像努尔哈赤当年的战术，"凭你几路来，我只一路去"，任凭学习资料铺天盖地，我只盯着我想要的读。事实上，这也正是《孙子兵法》中的要点："我专而敌分。"学习从来都不容易，一直是场硬仗，但掌握了这种读书法，无异于掌握了学习战场上的制胜法宝。

当然，具体运用时可以有很多变式，比如结合着自我测验。著名主持人、樊登读书会创始人、北大总裁班签约讲师樊登先生就颇有心得。他在一次演讲中说：

我上中学的时候经常被班上的女生"围攻"，原因是她们说我都没有努力过，凭什么学习成绩那么好。我记得很清楚，有个女生在毕业纪念册上给我的留言是"不要浪费了上天给你的天赋"。这个女同学的每本书都记满了笔记，还用各种颜色的荧光笔画满了重点。我其实一直都很崇拜能够熟练使用多种颜色画记号的人，实在不知道有什么规律可循。而我就很汗颜了，每学期结束时，书本比脸还干净，最多在老师布置作业的地方打个勾。高三毕业时，全套"新书"可以留作纪念。我从不相信自己有什么天赋，因为学习真的不容易。但我特别爱考试，没有测验的时候，我就和同学互相出题考着玩。每次大考之前，我不会一遍一遍地看书、看笔记，而是拿出一张大纸，靠自己的回忆把这学期学习的公式、重点、单词、生字、诗词都默写一遍。每门课用一张纸。遇到想不起来的，就使劲儿想一会儿。最后才查书，补充完善这学期的知识图谱。这样一来，上考场的时候就不会遇到特别意外的题目了。我忘记了这个方法是我自己发明的，还是我爸爸教给我的，总之有效。直到今天，我讲每一本书也只是看一遍，半个月后准备要讲的时候再拿出一张白纸……

樊登的中心思想，归纳起来就是四个字——主动考试。与之相对的，则是让无数学子为之头疼的被动考试。很多学生还发挥幽默特长，发明了很多段子，比如"如果我考过了，请不要叫我学霸，请叫我赌神！"其实这是没有好的学习方法的表现，通常来说，只要掌握了苏东坡的"八面受敌"读书法，顺着教材的来龙去脉，逐一击破，再结合樊登式的自我测验，任何考试都不在话下。

北大给青少年的珍贵礼物 ／

136

2. 以教为学的费曼技巧

除了"八面受敌"学习法，在北大学子中，还有一种备受欢迎的学习方法，这就是"费曼学习法"，也叫"费曼技巧"。

费曼学习法的创始人，是大名鼎鼎的诺贝尔物理学奖获得者理查德·费曼，这种学习方法能让我们比别人对事物了解得更透彻，因为它的核心是把知识教给别人。想想看，你自己掌握得不透彻，又怎么能教给别人呢？

标准的费曼学习法分四步：

第一步：把某个知识点教给某人，最好是小孩子。

因为小孩子懂的词汇量不多，理解能力有限，除非你能把某个知识完全消化并用最简单的语言告诉他们，不然你就是在糊弄他们的同时，糊弄自己。现实生活中，许多人都倾向于使用复杂的词汇和行话，来掩盖他们不明白的东西，不想步他们的后尘，那就先设定一个小学生级别的教授对象，好好想想，面对他你会讲些什么，然后把重点写在白纸上，用词一定要简单，观点一定要明了，逻辑一定要清晰。

第二步：回顾。

如果你还不是一个老手，那么在第一步中，你不可避免地会卡壳，忘记一些内容，曲解一些概念，或者不能融会贯通。这是好事，因为你确切地知道了自己的问题出在哪里，那就回到原始材料之中，重新学习，直到你丢掉原始材料也能滚瓜烂熟。

第三步：将语言条理化，简化，个性化。

你不仅要丢掉材料，还要确保自己没有从原材料中借用任何行话，就像白居易的诗一样，谁都能听懂，但谁都知道，这样平白浅切的诗也不是谁都能写的。哪里晦涩不明，语句不通，意味着你还要在相应的知识点做些工作，直到完全打通。

第四步：传授给更多人。

如果你真的想确保你的理解没有问题，就把它教给另一个人，同样是年龄越小越好。

费曼技巧非常高效，通常来说只需 20 分钟，一个人就能深入理解一个知识点。费曼本人就是靠着这种学习方法，一路成长为继爱因斯坦之后最为睿智的理论物理学家。

中国本土其实也不乏类似的学习方法，比如陶行知先生的"小先生制"。

小先生制的核心是"即知即传人"原则，小孩不仅可以教小孩子，还可以教大人。对此，陶行知是这样论述的："生是生活，先过那一种生活的便是那一种生活的先生，后过那一种生活的便是那一种生活的后生，学生便是学过生活的人，先生的职务是教人过生活。小孩子先过了这种生活，又肯教导前辈和同辈的人去过同样的生活，就是一名名实相符的小先生了。"也就是说，所谓"小先生制"，并非传统意义上的"长者为师"，而是知者为师、能者为师，只要具备知识，并且能把知识教给别人的人，都可以称之为先生，与年龄没有关系。在陶行知的大力推行下，不到一年的时间，上海就诞生了 18000 个小先生，其余省市也大力推行，产生了极大的学习效果与深远影响。

相关研究表明，费曼技巧也好，"小先生制"也罢，要点都在于强化学生或学习者对所学内容的记忆。通常情况下，教师干巴巴地讲授，学生只能记住 5%。如果同时配合阅读，马上提升至 10%。视听并用的话，则升至 20%。再加上老师演示，可达 30%。学生相互讨论的话，会达到 50%。学生直接实践，会达到 70%。学生教别人时，则能达到 95%，这也是最好的效果了。毕竟，没有任何学习方式可以达到 100%。

具体应用时，同样有很多变式。比如，当你准备把孩子培养成钢琴家时，先期可以考虑自己也学一下。因为孩子年龄小，理解力有限，老师要求孩子在家练琴时，家长如果一窍不通，根本没法陪同并辅导。这种情况会倒逼着家长先去学习，而且必须学得比孩子还好还快，不然就没法引领孩子。这在本质上与"小先生制"和费曼技巧是异曲同工的。

可能有的家长会想，我哪有那么多的时间？其实谁的时间也不多，都是 24 小时，就看你要什么，以及怎么分配它了。

也有人会说，我哪有机会教别人呀？其实怎么可能没有呢？网络时代，你还用担心没有分享渠道？你只需要担心没有真知，拿不出手。你可以写公众号、可以录短视频、可以发微博，再不济也可以用朋友圈晒晒自己的知识。这个时代最不缺的就是平台，而知识尤其是真知，永远都是稀缺的。真知是怎么来的？有人认为多读书，多学习，大量输入知识就会获得真知。不一定。因为读再多的书，上再多的课，如果不能内化为自己的真才实学，输入再多也不过是热身，输出才是真正的学习，也最能检验学习效果。

美国畅销书作家史蒂芬·金在《关于写作》一书中讲过自己创作小说的心得，看上去非常的老生常谈："如果想成为作家，就必须做到两件事，即多读多写。除此之外，我不知道还有什么其他途径或捷径。"多读，就是尽可能地输入。多写，就是尽可能地输出。写作是这样，做别的也概莫能外。

如果你不是一个小说家，又实在不想开口，不妨用用橡皮鸭方法，也就是向一个物体解释你正在学习的东西，例如一只橡皮鸭子。你可以把它当成倾听者，放心，它绝对有一听一，并且你说错了也不会纠正你，使你难堪。很多程序员都在使用这种方法，他们会逐行向橡皮鸭解释他们的代码是干什么用的，由于橡皮鸭不会开口表示认同，就像一个城府颇深的老板，用沉默示意自己没怎么听懂，需要程序员再讲讲，也像一个理解力稍差的小孩，需要他再讲得浅显点，这样，程序员就能不断自检，发现代码中的问题，一一解决。

第十九份礼物：知识体系

1. 搭建自己的知识小屋

乔布斯生前曾在斯坦福大学进行过一次演讲，其核心内容就是一句话："人生就是把珍珠串成线。"也有人把它翻译成"串起生命中的点点滴滴"，本质上是一样的。

乔布斯举例说，他在大学时旁听过字体设计课程，他本人很喜欢，但当时觉得，这些东西在未来似乎用不着。直到他做苹果电脑时，这些知识才开始发挥作用。用他的话说就是，"如果我没有选那个课程，个人电脑就有可能没有今天这样优美的字体"。他在回顾自己的人生轨迹时说："我在大学里还没有那样的意识，不懂得把当时的一个点向前延伸，连成一条线，但现在回过头去看，那条线清晰无比。"

也就是说，我们学习时，首先要有把珍珠串成线的意识，然后努力获得每一天的珍珠，再将它们连缀成一个领域的知识体系，然后再随着自己的成长而不断扩充它，并持续迭代。

当然，有些珍珠可以不必自己去采，更不必像个蚌壳似的，痛苦孕育，它只是一种思路，可以有很多种变式与打法。以小米为例，我们知道，它的成功最初得益于背后有成千上万的米粉。这些米粉也是一步步来的，但是因为策略得当，借助指数级增长，最终推动了小米的飞速发展。最初他们不过是找了 100 个三星用户，直接把三星的系统格式化，改成小米系统，给用户报酬，让他们试用，不断提意见，不断迭代。这 100 个用户围绕着小米手机构成了一个小圈子，然后圈子开始扩大，第二圈就扩大到了将近 1 万人，小米社区就形成了，雷军的饥饿营销也随即展开。目前，第三圈，第四圈，甚至第五圈都已经围定。这个过程，已经不是把珍珠串成线，或者搭建自己的知识体系那么单纯了,而是打造生态。

商业可以有生态,反推过来,学习为什么不可以呢?想想你书架上的书,它们是一天放进去的吗?肯定不是,我们一定是先有了几本书,或者先有了一个空白书架,然后根据自己的喜好,逐渐买书,然后逐一放上书架。如果说此前大家购书的关键词是"喜好"的话,那么此后,大家的关键词要逐渐过渡为"需求"与"体系"。当我们的书架按照学习体系构建完毕,我们的人生基石基本上也夯实了。

与之相对应的就是著名的"知识小屋"理论。它比知识体系这个大词更具体,更形象,毕竟很少有人能意识到自己每天都生活在形形色色的知识中,并受它们左右,但每个人每天都住在屋子里,并且都不拒绝再拥有一间。

前面我们说过,构建起学习体系,人生基石也就夯实了,但这还不够,没有人喜欢睡在基石上。知识小屋理论建立在知识体系之上,你可以把它理解为有了坚实基础并且在基础上竖起了坚实的柱子的知识体系。

如你所知,再小的屋子也有柱子,没有柱子就没法支撑屋顶,就没法安身立命,遮风挡雨。我们可以把自己所掌握的所有知识与技能看成一个小屋,毫无疑问,你只有一个柱子是撑不起小屋,也撑不起自己的,只有一个柱子的是蘑菇。为了更好地应对这个世界的风风雨雨,甚至是台风天气,我们得有相互支撑的几个柱子,并确保牢固。

要记住,不是柱子越多就越好,有些柱子是多余的,甚至会破坏视野,遮蔽我们的双眼,因此要有断舍离的精神,要勇敢地砍掉它。

还以乔布斯为例,他的知识小屋主要有三根支柱,分别是设计、商业与品位。乔布斯是设计天才,别的不说,看看苹果的 LOGO 就够了。当然,这个支柱也不是他一生下来就树立在那里,也是经过长期的培养、磨炼、重铸、定型、优化过程，才最终形成的。他也是毫无疑问的商业大师，他联合唱片公司改变了音乐的销售方式，他用 iPhone 一款产品推动了移动互联网的发展，他创造了截至目前全球市值最高的公司并可以轻松跨界，他的影响究竟会延伸多远，现在还没人敢于断言。至于他的品位，恰如他自己所说的，他"一直站在科技与艺术的交叉路口"，他几乎是凭借自己一个人的力量提升了整个高科技产业的品位。就连比尔·盖茨都不无羡慕地说："我愿意牺牲很多东西，换取乔布斯的品位。"

比尔·盖茨同样有自己稳固的知识支柱，那就是软件技术、战略与慈善。安迪·格鲁夫的知识支柱恰好也是三个，即战略、管理与执行。为什么都是三个呢？因为天才也是人，是人就精力有限，能够把有限的精力集中起来，打造出三个鼎足而立的支柱，已属难得。而且我们要看到，乔布斯也好，比尔·盖茨也好，他们不是不能建立更多的支柱，但他们懂得取舍，更愿意把这三根主体支柱打造得更牢更高，并且在相互支撑、相互配合上下功夫，从而营造出高耸入云的知识大厦，而不是竖起一片细小的丛林，自我抵触与空耗。

最后，对于普通人来说，搭建自己的知识体系，具体又该读哪些书呢？著名经济学家、北大汇丰商学院教授何帆在自己的《猜测和偏见：何帆阅读笔记》一书中，为大家提供了一份经典书单，共200 本，分八大类，我们转述如下：

1. 历史类

共 25 本，分别是《大历史：虚无与万物之间》《枪炮、病菌与钢铁：人类社会的命运》《崩溃：社会如何选择成败兴亡》《贸易打造的世界：1400 年至今的社会、文化与世界经济》《伯罗奔尼撒战争史》《罗马帝国的陨落：一部新的历史》《文明史：人类五千年文明的传承与交流》《西方的兴起：人类共同体史》《美国政治传统及其缔造者》《现代世界的诞生》《论美国的民主》《旧制度与大革命》《战争史》《梦游者：1914 年，欧洲如何走向"一战"》《凯恩斯传》《大转型：我们时代的政治与经济起源》《国富国穷》《大分流：欧洲、中国及现代世界经济的发展》《中国历代政治得失》《万历十五年》《中国史通论》《大象的退却：一部中国环境史》《王氏之死：大历史背后的小人物命运》《叫魂：1768 年中国妖术大恐慌》和霍布斯鲍姆的年代四部曲：《革命的年代》《资本的年代》《帝国的年代》《极端的年代》。

2. 政治学、社会学、宏观经济学

共 25 本，分别是《变化社会中的政治秩序》《文明的冲突与世界秩序的重建》《政治秩序的起源：从前人类时代到法国大革命》《政治秩序与政治衰败：从工业革命到民主全球化》《独裁者手册》《大国政治的悲剧》《信号与欺骗：国际关系中的形象逻辑》《即将到来的地缘战争：无法回避的大国冲突及对地理宿命的抗争》《硬球：政治是这样玩的》《艾希曼在耶路撒冷：一份关于平庸的恶的报告》《公正》《反潮流：观念史论文集》《社会学的想象力》《我们的孩子》《乡土中国》《经济学规则》《在增长的迷雾中求索：经济学家的发展政策为何失败》《资本的秘密》《镜厅：大萧条、大衰退，我们做对了什么，又做错了什么》《国家的兴衰：经济增长、滞胀和社会僵化》《国家为什么会失败》《21 世纪资本论》《美国增长的起落》《渐行渐近的金融周期》《宏调的逻辑：从十年宏调史读懂中国经济》。

3. 微观经济学、博弈论

共 25 本，分别是《自由选择》《资本主义与自由》《价格理论》《通往奴役之路》《生活中的经济学》《魔鬼经济学》《经济学的思维方式》《牛奶可乐经济学》《成功与运气：好运与精英社会的神话》《从资本家手中拯救资本主义：捍卫金融市场自由，创造财富和机会》《伟大的博弈：华尔街金融帝国的崛起》《市场的（错误）行为：风险、破产与收益的分形观点》《债务和魔鬼：货币、信贷和全球金融体系重建》《金融炼金术的终结：货币、银行与全球经济的未来》《信息规则：网络经济的策略指导》《入世哲学家：阿尔伯特·赫希曼的奥德赛之旅》《富国陷阱：发达国家为何踢开梯子？》《策略思维：商界、政界及日常生活中的策略竞争》《微观动机与宏观行为》《冲突的战略》《合作竞争》《合作的进化》《超级合作者》《道德动物》《战略：一部历史》。

4. 脑神经科学、遗传学、进化生物学、心理学、行为经济学

共25本，分别是《进化是什么》《熊猫的拇指：那些有趣的生命现象和生物进化的故事》《生命的跃升：40亿年演化史上的十大发明》《双螺旋》《基因传：众生之源》《笛卡尔的错误：情绪、推理和大脑》《自私的基因》《盲眼钟表匠：生命自然选择的秘密》《白板：科学和常识所揭示的人性奥秘》《人性中的善良天使：暴力为什么会减少》《基因社会：哈佛大学人性本能10讲》《人类的荣耀：是什么让我们独一无二》《裸猿》《黑猩猩的政治：猿类社会中的权力与性》《思考，快与慢》《"错误"的行为：行为经济学的形成》《助推：如何做出有关健康、财富与幸福的最佳决策》《怪诞行为学：可预测的非理性》《象与骑象人：幸福的假设》《正义之心：为什么人们总是坚持"我对你错"》《善恶之源》《宝宝也是哲学家：学习与思考的惊奇发现》《如何学习》《男人来自火星，女人来自金星：修炼亲密关系的方法》《爱的博弈：建立信任、避免背叛与不忠》。

5. 科技创新类、工程学

共25本，分别是《技术的本质：技术是什么，它是如何进化的》《创新者的窘境》《理性乐观派：一部人类经济进步史》《自下而上：万物进化简史》《被误读的创新》《创新者：一群技术狂人和鬼才程序员如何改变世界》《引爆点：如何引发流行》《试错力：创新如何从无到有》《混乱：如何成为失控时代的掌控者》《恢复力：面对突如其来的挫折，你该如何应对？》《反脆弱：从不确定性中

获益》《失控：全人类的最终命运和结局》《爆裂：未来社会的9
大生存原则》《技术简史：从海盗船到黑色直升机》《黑匣子思维：
我们如何更理性地犯错》《知识的错觉：为什么我们从未独立思考》《众
病之王：癌症传》《集装箱改变世界》《百年流水线：一部工业技
术进步史》《如何思考会思考的机器》《黑客与画家：来自信息时
代的高见》《信息简史》《图灵的大教堂：数字宇宙开启智能时代》

《奇点临近：2045年，当计算机智能超越人类》《第三次工业革命：
新经济模式如何改变世界》。

6. 逻辑学、统计学、数学、物理学、复杂科学、科学哲学

共25本，分别是《逻辑思维：拥有智慧思考的工具》《怎样解
题：数学思维的新方法》《魔鬼数学：大数据时代，数学思维的力量》
《从一到无穷大：科学中的事实和臆测》《哥德尔、艾舍尔、巴赫：
集异璧之大成》《陶哲轩教你学数学》《大数据思维与决策》《女
士品茶：统计学如何变革了科学和生活》《统计数字会撒谎》《赤
裸裸的统计学：除去大数据的枯燥外衣，呈现真实的数字之美》《与
天为敌：风险探索传奇》《度量：一首献给数学的情歌》《信号与
噪声》《无穷的开始：世界进步的本源》《混沌：开创新科学》《夸
克与美洲豹：简单性和复杂性的奇遇》《规模：复杂世界的简单法则》
《复杂》《混沌与秩序：生物系统的复杂结构》《隐秩序：适应性
造就复杂性》《逻辑的引擎》《皇帝新脑》《猜想与反驳：科学知
识的增长》《科学革命的结构》《师从天才：一个科学王朝的崛起》。

7. 哲学类

共25本，分别是《苏格拉底的申辩》《哲学问题》《哲学的故事》《西
方哲学史》《从卢梭到尼采》《存在主义咖啡馆：自由、存在和杏
子鸡尾酒》《政治哲学》《人性论》《利维坦》《查拉图斯特拉如
是说》《西西弗神话》《性经验史》《哲学和自然之镜》《思想本质：
语言是洞察人类天性之窗》《女人、火与危险事物：范畴显示的心智》

《禅与摩托车维修艺术》《哲学的慰藉》《返璞归真：纯粹的基督教》《欢迎来到实在界这个大荒漠》《恋人絮语》《论语》《老子》《庄子》《孟子》《荀子》。

8. 文学类

共25本，分别是《诗学》《普通读者》《小说面面观》《为什么读经典》《文学讲稿》《风格感觉：21世纪写作指南》《故事开始了》《福楼拜的鹦鹉》《巨匠与杰作》《染匠之手》《诗艺》《如何阅读一本小说》《什么是杰作：拒绝平庸的文学阅读指南》《文学阅读指南》《被背叛的遗嘱》《文学的世界共和国》《文艺批评的实验》《阅读大师》《像我这样的一个读者》《文章自在》《〈华尔街日报〉是如何讲故事的》《新新新闻主义：美国顶尖非虚构作家写作技巧访谈录》《怎样讲好一个故事》和两本《小说课》：毕飞宇著《小说课》与许荣哲著《小说课》。

2. 有一种学习叫整体性学习

很久以前，丹麦有一个高中生，他的物理课学得特别好，每次测验都能得满分。

但有一次，他所有问题都答对了，只有一道题，老师给了很低的分数。也就是说，他只是在一定程度上答对了这道题。

这道题目是："怎样用一个气压计测量建筑物的高度？"

学生的答案是："去建筑物的顶上，将气压计扔下来并开始计时，直到听到'砰'的一声，再通过重力加速度公式计算出建筑物的高度。"

出题者的本意是希望学生利用所学的气压知识计算建筑物的高度，但从学生的答案中看不出他懂气压知识，所以老师没给高分。学生不服，找到老师，对低分提出异议。老师说没问题，只要你能想出不同的办法来解答这个问题。

学生站在原地，稍稍思考，就给出了另一个答案："用气压计敲开建筑物主人的门，然后问他：'请问，建筑物的高度是多少？'"

老师没有笑，只是沉默了一会儿，问："你还有别的办法吗？"

学生说还有很多，比如用一根长线绑着气压计，通过线的长度测量高度；或者将线当作钟摆，通过钟摆的运动来计算建筑物的高度，等等。

老师最终决定，给这个学生满分。

为什么？不是因为这个学生名叫尼尔斯·玻尔，后来成了著名物理学家，获得了诺贝尔物理学奖，而是因为他不仅知道怎样得到答案，而且对问题的观察更为全面，不局限于所学的某个知识，他可以多角度地看待问题。这，就是我们要讲的整体性学习。

玻尔还留下了一个著名的段子：

玻尔喜欢踢足球，上大学时就是哥本哈根大学足球俱乐部的明星守门员，但他习惯在足球场上一边心不在焉地守着球门，一边用粉笔在门框上排演公式。后来他成了科学家，仍不忘心爱的足球，业余时间常把踢足球当作休息。一来二去，居然还进了当时的丹麦足坛霸主AB俱乐部。玻尔还有个弟弟，叫哈那德·玻尔，也是科学家，并且是AB俱乐部的著名前锋。1908年伦敦奥运会，弟弟还代表丹麦队出战并夺得了亚军。而哥哥只能候补，因为在此前迎战德国队的一场比赛中，德国人在外围远射，玻尔居然靠在门柱边，思考起数学题来！1922年，已经与爱因斯坦成为一时瑜亮的玻尔，因为对量子力学做出巨大贡献荣获诺贝尔奖，终于超越了弟弟的奥运会银牌。当时的丹麦报纸报道说：《著名足球运动员尼尔斯·玻尔被授予诺贝尔奖》！

这段轶事有助于我们进一步理解什么叫整体性学习。站在这种全新的学习理念对立面的，是我们熟知的机械学习。所谓机械学习，你可以把我们的大脑想象成一台计算机，也就是俗称的电脑。电脑最让人惊叹的就是它的储存能力，计算机文档的本质，就是一系列记录在硬盘上的 0 和 1 的组合。如果我们有计算机一样的大脑，那么机械记忆非常有效，学多少就能记多少，因为你要做的就是精确复制信息。可惜我们的大脑并不是计算机，所以机械记忆是一种低效的学习方法。反过来看，我们的大脑也远非计算机可比，大脑的工作机制，恰如整体性学习理论——通过数十亿个神经元相互联系储存信息。

回到最初的故事，玻尔难道不懂得气压知识吗？不，他懂得更多知识。无论是"通过重力加速度公式计算出建筑物的高度"，还是"将线当作钟摆，通过钟摆的运动来计算建筑物的高度"，都需要扎扎实实的物理知识与数学知识。玻尔不仅熟悉它们，而且深刻地知道公式中每个符号的真正含义，而不是死记硬背公式。他把这些公式不断打破又重新组合，并且不拒绝常识，比如"用气压计敲开建筑物主人的门，然后直接问他建筑物的高度是多少。"所以，他才能提出那么多独一无二的解决问题的办法。

不是每一个人都能成为科学家的，但是我们知道，玻尔的儿子奥格·尼尔斯·玻尔也是诺贝尔物理学奖获得者。父子两代大师，在学习方法与思维模式上有没有嫡传呢？我们不得而知，但整体性学习无疑值得所有人去尝试。

我们再来看看北大才女刘媛媛的故事。

刘媛媛在《超级演说家》节目上说过："我们家不是寒门，因为我们家没有门。"这固然是夸张语，但她的起点确实不高，学习也不好，初高中时成绩总是垫底，成绩稳定在180名，全年级也不过200人。但是后来，她却实现了三次逆风翻盘：第一次是从山村娃到北大高才生，2 周用来制定计划，6 个月复习，高分考上北大法律系。第二次是从险被淘汰到《超级演说家》冠军，镇住了鲁豫和乐嘉。第三次是从只会读书到会读书也会赚钱，24 岁创业当 CEO，当年就赚到自己的第一个 100 万。

凭什么？刘媛媛说："这些都是运气使然，我的运气就在于我在很早的时候掌握了一些方法论，导致我虽然有时候很累，但是事情总是能成。"她所说的"方法论"，就包括整体性学习。说白了，就是多渠道、多角度切入学习，它是在主动学习的基础上，更加主动地学习，要求打破知识界限，摒弃机械式记忆，将新知识与已有知识联系起来，逐渐编织自己的知识网络。这个网络越大，网眼越是绵密，学习与应用时才能够疏而不漏。

以 IT 技术的学习为例，假如你只学过前端，毫无疑问你比那些完全不会或者只上过一些小培训班的人要强，在众多小白心目中你就是大神。但如果你能更进一步，比如掌握后端编程，PHP、Python 之类，你会对前端开发有更全面的认识。再进一步，假如你对 Web 技术也了如指掌，又学了 Linux，无疑会更有自信。

第二十份礼物：时间管理

1. 有一种借口叫年轻

在北大学子中，有一首名叫《时间的价值》的小诗备受推崇，几乎人人会背，作者是加拿大诗人罗伯特·塞维斯：

时间的价值

想知道一整年的价值，
就去问考砸了重修的学生。
想知道一个月的价值，
就去问曾经早产的母亲。
想知道一周的价值，
就去问周报的编辑。
想知道一小时的价值，
就去问等待中的恋人。
想知道一分钟的价值，
就去问误了火车的人。
想知道一秒钟的价值，
就去问大难不死的人。
想知道百分之一秒的价值，
就去问奥运会获得银牌的人。
时间不等人，
你拥有的每一刻都不等人。
今天是最珍贵的礼物，
这就是它为什么被称作"当下"的原因。
让你的朋友知道，
你有多在乎它们……

没有什么比"想知道一整年的价值，就去问考砸了重修的学生"这样的诗句更能深入学生们的内心了。相对来说，北大学子们比普通孩子更能认识到时间的价值。原因很简单，他们就是在日复一日的争分夺秒中拼杀过来的。这也正是当你走进北大校园，随处可见埋头读书的学生的原因。

富兰克林说过，时间就是金钱。对于这句话大家都很熟悉，但是真正去理解、去重视它含义的人并不多，我们过于看重后面的金钱，往往直奔金钱而去。有些人，甚至只看了一眼他名字中的"富"字，就慌慌张张跑去结交。殊不知，时间才是重点。富兰克林固然说过："记住，时间就是金钱。假如说，一个每天能挣10个先令的人，玩了半天，或躺在沙发上消磨了半天，他以为他在娱乐上仅仅花了6个便士而已。不对！他还失掉了他本来可以挣到的10个先令。记住，金钱就其本性来说，不是不能生殖的。钱能生钱，而且它的子孙还会有更多的子孙。谁杀死一头能生崽的猪，那就是从源头上断了它的一切后裔，乃至它的子孙万代。如果谁毁掉了5先令的钱，那就是毁掉了它所能产生的一切，也就是说，毁掉了一座英镑之山。"但我们要知道，很多时候，不拿金钱、名利与成功学做引子，普通读者根本不爱听，不肯听。富兰克林确实是个成功的企业家与政治家，但主要还是因为他的学识、精神和人品名世。

其实不仅富兰克林，成功者都是驾驭时间的能手。而在驾驭它之前，首先你得正确地认识时间。关于时间，我们可以从多个角度去诠释。

首先，你要知道时间是一种不能再生的、特殊的资源，既不能逆转，也不能贮存。一个人生命的价值高低，很多时候就取于他的人生长度。所谓人生，不就是时间吗？一个人，假如他能活到80岁的话，大约有70万个小时。除去幼年的成长与受教育期，以及老年的休养期，能够用于工作的时间大约是40年，也就是15000个工作日，即35万个小时。然后，再除去睡眠、吃饭的时间，最后剩下的时间大约只有20万个小时。因此，拿破仑·希尔指出："一切节约归根结底都是时间的节约。"

德鲁克也曾经在他的经典著作《卓有成效的管理者》中说过，时间管理是管理者卓有成效的第一要务。为什么？因为它是限制资源。恰如木桶理论，任何生产程序的产出量，都会受到最稀缺资源（即短板）的制约。时间就是这样一种资源。德鲁克说："时间的供给，丝毫没有弹性。不管时间的需求有多大，供给绝不可能增加。时间稍纵即逝，根本无法储存。昨天的时间过去了，永远不再回来。所以，时间永远是最短缺的。时间也完全没有替代品。在一定范围内，某一资源缺少，可以另觅一种资源替代。例如铝少了，可以改用铜，劳动力可以用资金来替代。我们可以增加知识，增加人力，但没有任何东西可以替代已失去的时间。而做任何事情都少不了时间，时间是必须具备的一个条件。任何工作都是在时间中进行的，都需要耗用时间。"

其次，效率是什么？效率就是单位时间的利用价值。有效地利用时间，便是效率。无论是优秀的学生还是优秀的经理，他们在时间问题上都很"吝啬"，他们一般不会让睡觉、玩耍、闲聊等没有价值的事占用自己太多的时间，他们会对自己的时间做出最妥善的安排，把时间的浪费降至最低。

高效的敌人是拖延，拖延是对生命的挥霍。很多人推崇一句话，叫"活在当下"，但一不小心就活成了"得过且过"。其实，这是对"活在当下"的错误理解，它的正确解读应该是，不管我们在做什么，学习、工作或修行，我们都应该把握现在，把握身边的每一分、每一秒，每天都保持一种时不待我的紧迫感，形成做事高效的良好作风，这种良好的作风会为未来打下良好基础。所谓"活在当下"，本意是活好当下。

最后，要合理安排时间，要把最有效率的时间用在可以获得最大回报的事情上。

现实世界复杂多变，每个人都会有喜怒哀乐，每个人都会处于各种各样的社会关系中，免不了和别人打交道，当然也避免不了无穷的琐事的烦扰。要想完全回避这些是不现实的，但是，对于一个聪明的想要在学业和事业上有所成就的人来说，他懂得如何驾驭时间，会把主要精力集中在可以获得最大回报的事情上，而不是将时间花费在对成功无益或益处很少的事情上。他会为自己去做最主要的事留下充足的时间和最多的精力。他知道分清事情的主次，懂得哪些是需要花费精力一步步做好的，哪些是根本不需要做的，哪些事关照一下就行，哪些事干脆应该放弃……无论是谁，做不到这一点，都很难实现自己的抱负。

俗话说，时间不等人，其实人也不能等时间，等也等不来。你失去了钱财，可以再赚回来；失去了知识，可以再学习；但如果失去了时间，就无论如何都再也找不回来了。时间的供给看似是无穷的，但此刻过了，便再也找不回来了。时间是这个世界上最公平的东西，要想在有限的生命中多做出一些成绩，就要学会珍惜时间。珍惜时间，就能做时间的主人；浪费时间，就只能做时间的奴隶。

成功学中有个"10000个小时定律"，大意是说，一个人想成为某一方面的人才或专家，至少要持续不断地投入10000个小时。按每天8小时计，至少需要不间断地修炼5~10年时间，绝无例外。想成为专家，先拿出10000个小时来再说。有人会有这样的困惑，我练某些东西时间也不短了，别说10000小时，20000个小时也有了，怎么还没成就？这要么是因为你练得不专业，要么是因为你练的项目太多太杂了。刘翔跑得很快，但他除了110米栏之外什么项目也不练，平常走路也是普通人的速度，这难道不是一种启示吗？

2. 没有时间就挤出时间

"世界那么大，我想去看看"，很少有年轻人不知道这句话。说到世界，很多人头脑里往往浮现的也是一幅世界地图，其实这只是空间或地理的概念，我们生活的世界，除了空间，还有时间。

也有一首歌这样唱道："我想去桂林呀，我想去桂林，可是有时间的时候我却没有钱；我想去桂林呀，我想去桂林，可是有了钱的时候我却没时间……"这个世界到处都是分身乏术的人，但这些掉在时间中的人，能有效学习与工作者并不多。

谁的时间都不多，都是百八十年，时间对任何人都是既吝啬又公正。你想拥有更多的时间，那就要学会挤时间。这一点，恰如鲁迅先生所说的："时间就像海绵里的水，只要你挤，总是有的。时间对任何人都是公正的。有志者，勤奋者，善于去挣，去挤，它就有；闲人，懒汉，不去挣，不去挤，它就没有。"鲁迅是这么说的，也是这么做的，他的整个人生都在跟时间赛跑。他每天给自己定任务，要写完规定的字数。他一生多病，工作条件和生活条件都不好，但他每天都要工作到深夜。实在困了，就和衣躺到床上打个盹儿，醒后泡一杯浓茶，抽一支烟，又继续写作。

如果具体去挤时间呢？北大学子中流传着一种"5分钟学习法"，它源自一个真实的故事：

多年前，美国有个少年叫邦德。12岁时，父母给他聘请了一位家庭教师，主教钢琴。

有一天，老师突然问邦德："你每天花多长时间练琴？"

邦德说："大概三四个小时。"

老师又问："你每次练习时，时间都很长吗？是不是每次至少一个小时？"

邦德说："是的，我想这样才好。"

"不，不要这样！"老师说："将来你长大了，每天不会有那么长的空闲时间。所以你要从现在养成习惯，一有时间就5分钟5分钟地练习，比如上学之前、午饭以后、晚上睡觉之前，等等。坚持下来，把小的练习时间分散在一天里面，弹钢琴就会成为你日常生活的一部分。"

老师的话，邦德似懂非懂，当时他也没有放在心上。

多年后，邦德成为哥伦比亚大学教授。有一段时期，他很想兼职从事文学创作，但只是想想而已——因为上课、开会、备课占据了他的全部时间。以至于两年多过去了，他没有写下一个字，甚至坚持数年的钢琴也有所荒废。

忽然有一天，邦德想起了钢琴老师的话。一星期后，邦德开始了亲身实践——只要一有时间，他就坐下来写作，哪怕只是短短的5分钟，哪怕只是写作短短的几行字。几个星期之后，邦德惊喜地发现，自己居然创作了上万字！后来，邦德用这种积少成多的方式创作、发表了几十万字的作品，他的钢琴演奏水平也达到了9级。

钢琴老师的教导与邦德的成功，从侧面告诉我们这样一个道理：珍惜时间，就要珍惜每一分每一秒，即使是那些零星的"下脚料"，如果能够毫不拖延地充分加以利用，照样可以提高我们，促进我们。而无视时间，只会让我们在一无所成之际，抱怨自己"没有时间"。

的确，5分钟对于一天24小时来说实在是微不足道，可是事实证明，短短的5分钟却蕴含着巨大的能量。按照美国时间管理大师温斯帕奈拉的理论计算，如果坚持每天投入5分钟，用以改善你生命中任何领域的0.5%，你就能够使自己在该领域的能力呈现指数次幂的增长速度：1年300%，2年1000%，4年10000%……

很显然，每个人都能够每天投入 5 分钟；但是，不是每个人都能得到这种丰厚的回报。原因很简单：在很多时候，即使是最简单的事情，真正行动起来也非常困难。因为很多人往往无法突破自己的固有习惯和自我限定的框架。管理时间同样如此。一开始，人们也许会激情满满地切实执行，可是如果让一个人每天至少花 5 分钟，每周至少保持 5 天，并不断地持续下去，可就太难了。用功并不难，难的是如何在成长过程中保持耐心。对于这个被成功人士们称为 5 分钟的"循序渐进成功法"的秘诀，坚持不懈是关键。如果做不到坚持不懈，并且确保每周努力 5 天的话，那么你极有可能是在原地踏步。

　　生活中，很多人习惯说"我没有足够的时间"。其实，作为普通人，我们每个人每天都有 200 个以上 5 分钟的时间。而 5 分钟的"循序渐进成功法"，所需要的只是其中之一，其中百分之一的时间。这只不过是一个电视节目的开头，或者中间插播的一段烦人的广告。想到这些，你还有什么借口吗？

　　当然，这多少还是有点儿泛泛而谈。一位北大学霸曾经说过："应用这一法则的要点在于拉一张清单，然后想想今天我们应该感谢什么？应该承担什么责任？应该为哪些事情而激动？今天我最希望得到什么？从而找出其中最重要的事情，而这只需要花掉 5 分钟的时间，而我们得到的回报却经常大到令人难以置信的地步。正常情况下，每周至少会有 5 天的时间，我习惯在吃早点的时候反省一下自己最近的所作所为，以及短期的、长期的目标。这大概需要 5 分钟时间。在接下来的将近 15 个小时的日常杂务里，它足以使我保持镇定，并成功完成我所有希望达到的目标。"

　　为避免盲目运用这一法则导致的混乱和低效，我们把这张清单放在下面，供大家参考：

　　◆学习演奏一种乐器；

　　◆学习新的厨艺；

◆学习或提高你所向往的技能；

◆了解经济状况；

◆消灭负债；

◆增加自己的储蓄知识；

◆增加自己的投资知识；

◆学会保护自己的财产；

◆总结工作现状；

◆提高目前的岗位技能；

◆学习其他职业技能；

◆改善领导或管理技能；

◆提高团队合作精神；

◆改善与老板的关系；

◆改善与同事的关系；

◆改善与下级的关系；

◆归纳生意状况；

◆改善营销状况；

◆加强销售力量；

◆提高研发力度；

◆改善客户关系；

◆改善运营方式。

……

需要提醒的是，在具体运用中，你必须遵循简单易行的原则。一般来说，刚开始培养运用每周至少5天、每天至少5分钟的习惯时，应该从很少的几个方面着手。如果从一开始便在很多方面运用这一方法，就很有可能吓倒自己。那样一来，你需要做的事情就太多了。坚持不了几天，你就会找个借口让自己每星期不必至少行动5天，直至最终放弃。

第二十一份礼物：能量管理

1. 从时间管理到能量管理

忙！——很多人每天都把这个字挂在嘴上。

咖啡！——很多人为了强撑，产生了咖啡依赖综合征。

看看他们的时间表，确实忙，从黎明到深夜，排得满满当当。但我并不欣赏他们，因为他们的努力未见成效，每天把自己搞得精疲力竭的他们，成绩还不如一些看上去自由散漫的人。

近年来，随着一些男明星相继爆出绯闻，"时间管理"一词也变了性质。其实，时间管理是无辜的，但仅仅管理时间还不够，我们还要学会管理能量。

恰如北大教授渠敬东先生所说："这些年，我见过很多能量管理不佳的成年人，也见过很多能量管理不佳的学生。他们都很努力，但因为无法取得能量管理与时间管理的平衡，陷入了鏖战，看不到多少希望。其实时间这玩意儿，每个人都有，每天都有 24 小时，但有时间是一回事，有没有能量，在不在状态，则是另一回事。不在状态的人，时间再多也创造不了多大效益。反过来也是这样，不懂时间管理的人，有能量，也可能被浪费在一些无意义的小事上。"

我们来看一个典型案例，空客销售主管约翰·雷义，一个取得了时间管理与能量管理完美平衡的人。

雷义是美国人，35 岁时进入空客，从基层销售员做起，历时 10 年，成为空客销售主管。当时是 1994 年，空客最大的竞争对手波音公司占据了民用航空市场 60% 的份额，空客仅占 18%。CEO 给雷义下的目标是将市场份额提高到 30%，雷义却立下军令状：5 年时间内，空客的市场份额要提高到 50%！这大大超出空客高层的期望，董事会甚至认为这是一个不切实际的目标，劝雷义现实点儿。时刻关注着空客重大人事变动的波音公司，也未将雷义放在眼里。

但是 1999 年，在雷义的带领下，他的团队就将空客的市场份额拉到了 50%，提前完成了他当初立下的军令状，让波音公司再也不敢小瞧他。此后，波音公司连续换过 8 位销售总监，也未能夺回自己原有的市场份额。

数据统计显示，雷义共担任空客销售主管 23 年，在这 23 年间，他和他的团队平均每天能卖出两架飞机。他是如何做到的呢？用他自己的话说：卖产品就是卖自己。他认为他之所以可以签下这么多订单，在于首先做好了自己，时刻保持自己最好的状态，做一个有感染力的人。没有人愿意和一个萎靡不振，看上去无精打采的人做生意。用我们的话说，这就是能量管理。为了保持自己精力饱满的状态，他从不喝酒，饮食以清淡为主，每天健身 1 小时。拜访客户前，为了让自己在客户面前神采飞扬、容光焕发，他在飞机上会适度睡觉，下飞机后会先做 20 分钟的有氧运动，再去见客户。

雷义的方法也适用于普通人，我们应该有时间管理意识，也应该学会从能量管理的角度考虑问题。如果把我们的身体比喻为一台汽车，能量就是汽油，你不可能载着空油箱，一路高喊着"加油"上路，有时你可以适度透支，但迟早要还。更重要的是，当你发现自己常常感到疲惫、压力大乃至精疲力竭，这说明你的能量管理做得很不好，你应该马上改善它。

事情很重要，这没错。目标很美好，这也没错。但是，姑且抛开这些不谈，就算你哪儿也不去，什么也不干，也应该先把自己的车加满油，不是吗？

良好的能量管理无非两方面，增加能量储备，然后把能量用在最需要的地方。

在增加能量储备方面，我们可以先问自己几个问题：

（1）每晚有充足的睡眠吗？

有些人天赋异禀，每天睡四五个小时就够了，学习起来还劲头十足，卓有成效。但我们并非这样的神人，我们还是老老实实睡够七八个小时吧。睡得好，能量才会足。能量足，脑袋才清醒。当你状态好的时候，你全身的每一个细胞都在学习。当你状态不好的时候，你的每一个细胞也都不在状态。不排除有些人把从睡眠中挤出来的时间花在了学习上，但是，更多的人是一边嚷着没时间，觉不够睡，一边想着玩游戏、喝酒、跳舞、玩通宵。即使是全力以赴去学习，熬夜对学习来说也有百害而无一利，所以尽量不要熬夜，这与能量管理规律不符，也与生物规律不符，毕竟我们是夜伏昼出的生物。

（2）营养合理均衡吗？

如果把人类比喻成机器，饮食就是我们的能量源。很多人认为，学业重的时候要加强营养，于是食谱成了高糖、高脂肪、高蛋白质食谱。其实，加强营养很重要，均衡营养更重要。请放弃高糖、高脂肪、高蛋白质食谱，多吃些粗纤维和粗加工的食物，它能让你的血糖水平保持平稳，避免忽高忽低，这是能量管理的一部分。另外，要尽量少吃多餐，最好一天吃五餐，每次吃七分饱，这样可以保证你一天内的营养供应持续稳定。如果你只吃三餐，甚至只吃两餐，那么你的能量供应有可能不足。喝水也很重要，尽量少喝饮料，功能性饮料也不例外。记住，在食物充足的情况下，最纯净的水最具能量。

（3）经常运动吗？

生命在于运动，主要是因为运动过少会削弱你的潜在能量水平，除非你的身体处在特殊时期，连医生都建议你过段时间再去运动，否则一个人每天最少应该拿出 40 分钟来锻炼身体。每天运动，养成习惯，学习效率会明显提高。

（4）每周休息吗？

在西方神话中，上帝造天地与万物也只工作了六天时间，第七天用来休息。人，至少也应该一周休息一天。休息就好好休息，什么事儿也不要做。如果你仍有事情必须等这仅有的一天时间去做，那就要思考一下，怎么在下一周的前六天完成七天的事情。一开始这很难，但是一旦形成规律，你就能体会到能量进入正循环且源源不断的感觉。

（5）晚上工作吗？

晚上就是休息的时间，要将一天的工作放在白天集中完成，早早完成工作，晚上你就有整块的休息时间了。如果总是不能在晚上来临之前就结束工作，而自身能力并不差，那就要考虑换份工作。记住，如果你不学会休息，工作是没有止境的。

至于把能量用在最需要的地方，其实是老生常谈，也就是俗话说的，"好钢用在刀刃上"。具体怎么做呢？

美国有个叫斯科特·亚当斯的漫画师兼作家，他的方法很值得学习：现在他是个有钱人，但对于能量输出却非常小气。他的"呆伯特"系列漫画畅销全球 65 个国家，他还开办了自己的食品公司。但是以前，他只是个办公室白领，收入有限。开始画"呆伯特"漫画的时候，因为要上班，必须每天早上 4 点起来画画。后来，他辞掉工作，专心画漫画，但还是每天 4 点起床，因为这个时间他的能量最充足。他还用一台专门的电脑，站着画画或写作，因为这个姿势最有利于他的灵感迸发。

2. 让你硕果累累的番茄学习法

番茄学习法是一种兼顾时间管理与能量管理的学习方法，备受北大学子以及很多教授的青睐。

番茄学习法也叫番茄工作法，它适用于人类生活的方方面面，并不局限于读书或工作，我们看看它的源头就知道了。它的发明人是弗朗西斯科·西里洛，1992 年，他还在上大学，还是个为学习效率低下而苦恼的青年。他和自己打赌，不断地从意识深处给自己下猛药，并且狠狠地鄙视自己说："我能好好地学习一会儿吗？哪怕真正学上10分钟？"他想找个计时教练，替他掐表，后来从厨房里找了一个做饭用的计时器，形状像一只番茄，于是番茄成了他的关键词，成了一个学习方法。

番茄学习法非常简单，上手也容易，只需要一个计时器。我在网上看到有人提问，哪里有番茄形状的计时器？这实在是一个没必要回答的问题。番茄学习法不一定需要番茄形的计时器，甚至不需要专门的计时器，毕竟现在不是1992年，人人都有手机，上面都有闹钟。

番茄学习法的要点，在于将我们百分之百的心智与精力专注在当下，不管过去，不想将来，只对准当下的一个"番茄"做功。所谓一个番茄，就是一个时间段，通常来说不宜超过25分钟，也不宜少于20分钟。当我们把所有精力都集中在一起，阅读25分钟之后，我们就可以说完成了一个番茄。这时候要休息5分钟，不累也要强制休息，以便为下一个番茄积蓄能量。完成两个番茄后，休息要延长至10分钟，或者更多，毕竟这种学习法非常耗费能量，但也正因为如此，它才可以非常有效。

如果有人在25分钟内打来电话怎么办？不去接，等把这个番茄做完再打回去。当然，最好的办法是在开始之前就把手机关掉，同时，还要提前上好厕所，喝好水，等等。总之，不要让任何事情在这一个番茄的时间内影响你、打扰你、分散你、削弱你。

有时候，没有人打扰，我们的思绪也会不由自主地游离出去。这完全正常，你只要保持警觉，发现自己的思绪游离出去了，那就赶紧把它拉回到当前任务中即可。毕竟只有25分钟，这对任何人来说都算不上挑战。如果你的思绪恰好游离到了一些重要的事情上，也不要中断你的番茄。先把它记下来，继续做你的番茄，做完再说。

番茄学习法的另一个好处，在于它能够使我们充分利用生活中的碎片时间，不断学习，不断提升自己。工作再忙的人，也不难在一早一晚抽出两个 20~25 分钟，完成两个番茄。如果只能抽出一个番茄的时间，那就尽量安排在早上。早上起来，梳洗完毕，不要急于吃早餐，要先拿出一个番茄的时间，做一天中最费脑筋的工作，因为这段时间是一天中最为精华的部分，你的头脑最清晰，能量最充足，千万不要错过。据说很多了不起的学者都是在每天的这段时间里著书立说的，这也是很多北大学霸的经验总结。

另外，番茄学习法会在无意中颠覆我们对时间的依赖，它把抽象的时间变成了具体的、连续的时间，具体怎么连续，完全看我们的灵活度。比如，你可以把很复杂的事情简单化，假设一本书或一个学习计划、工作计划的任务估值大于 5 个番茄，那就应该打散它。如果一个任务估值小于 1 个番茄，那就合并同类项。长此以往，你的思维模式也会大变样。

如果你是一个领导，它不仅能帮助你快速有序地提升自己，也可以更好地管理员工，你或者把他们当作番茄管理，强化"一个番茄一个坑"，也可以把工作量设计成相应的番茄，让他们有条不紊地完成一个又一个番茄。在此基础上，还可以给他们提供相应技能的、专业知识方面的番茄，让他们和自己一起进步，并从中选出值得刻意培养的番茄。

最后，让我们说说番茄这种植物。弗朗西斯科·西里洛当年并没有注意到这样一个事实，那就是所有的番茄，给人的第一印象都是果实累累，而我们采用番茄学习法学习与工作一段时间后，也会收获良多。记住不要贪多，每天都收获一两个番茄并坚持下去才是王道。

第二十二份礼物：情绪管理

1. 先处理心情，再处理事情

金字塔的建造者是谁？

众所周知，是数十万埃及奴隶，教科书上都写着呢！

但400多年前，一个名叫塔·布克的瑞士钟表匠游历完金字塔后，却断言金字塔的建造者不会是奴隶，而是一批欢快的自由人。当时的人们都对此嗤之以鼻。但2003年，埃及最高文物委员会宣布，通过对吉萨附近数百处墓葬的发掘考证，证明金字塔的确是由当地具有自由身份的农民和手工业者建造的，而非传统史学家所认定的"由30万奴隶建造而成"。

那么，塔·布克当年的根据是什么？通过查阅相关资料，人们发现这与他的经历有关。

塔·布克原是法国一名天主教徒。1536年，他因反对罗马教廷的刻板教规被捕入狱。当时的他已经是一位大师级的钟表匠，入狱后便被安排做钟表。塔·布克发现，不管自己如何努力，也无论狱方采取何种高压手段，他和同行们就是造不出误差低于1/10秒的钟表。可是在入狱之前，他们在自己的作坊里，能使钟表的误差低于1/100秒。起初，布克把原因归结为制造的环境。后来，他们越狱逃往日内瓦，才发现真正影响钟表准确度的不是环境，而是制作钟表时的心情。正是基于这种认识，塔·布克才得出了"金字塔的建设者是自由人"的结论。他说："一个钟表匠在不满和愤懑中，要想圆满完成制作钟表的1200道工序，是不可能的；在对抗和憎恨中，要精确地磨锉出一块钟表所需要的254个零件，更是比登天还难。金字塔这么大的工程，被建造得那么精细，各个环节被衔接得那么天衣无缝，建造者必定是一批怀有虔诚之心的自由人。真难想象，一群有懈怠行为和对抗思想的人，能让金字塔的巨石之间连一片刀片都插不进去。"

塔·布克和他的伙伴们流亡瑞士，成就了瑞士"钟表王国"的地位。据说时至今日，瑞士的钟表制造商们仍保持着塔·布克的制表理念：绝不与那些监管严厉、克扣工人的国外企业联营。因为人的能力，唯有在身心和谐的情况下，才能发挥到最佳水平。严苛的环境不可能产生奇迹，严苛的企业永远造不出瑞士表。

制表如此，修金字塔如此，建造我们自己的人生金字塔，又何尝不需要一种好的心情？

毫无疑问，没有好的心情，想成就一番事业，可能性几乎为零。问题是，怎样才能拥有好的心情？是不是像塔·布克那样"换个环境"？答案无疑是否定的。塔·布克的问题出在罗马教皇身上，是外界因素；我们的问题却出在自己身上，是心理因素。

戴尔·卡耐基在他那本伟大的《人性的弱点》中写道："如果你在工作中得不到快乐，那么你在别的地方也不可能找到。每天给自己打打气，你的脑子里就会充满积极向上的思想，你就可以指引自己去想那些勇敢而快乐的东西。只要你的想法正确，任何环境都会变得不那么讨厌。虽然你的老板希望你对自己的工作感兴趣不过是为了赚更多的钱，可是我们姑且不管老板需要什么，只需想想如果你对自己的工作感兴趣的话，你会得到什么好处就行了。"

卡耐基还讲述了一个很有意思的小故事：

这天晚上，艾莉丝小姐回到家里时，已经是筋疲力尽。头痛、背痛，累得她连饭都懒得吃，只想上床睡觉。在母亲的再三劝告下，她才勉强坐到桌前。突然，电话铃响了，是她的男朋友打来的，他约她出去跳舞。艾莉丝的眼中顿时放射出光芒，精神瞬间振奋起来。她飞快地冲上楼，换上心爱的天蓝色衣裙，一阵风似的冲出家门。午夜时分，按说应该累上加累的艾莉丝回来后，非但不再感到疲倦，反而兴奋得睡不着觉了。

为什么8小时前她是那么疲惫不堪，而8小时后又是这般精神焕发？她是真的那么疲劳吗？肯定。但产生疲劳的原因不是由于工作的劳累，而是由于对工作的厌烦。生活中，类似艾莉丝小姐这样的人真不知还有多少，或许你就是其中的一个。

有人说，兴趣是最好的老师，很多人不开心，主要是因为他们在学着自己不感兴趣的知识，干着自己不感兴趣的工作。确实，但是受很多因素制约，不可能让世界上所有人都去学自己感兴趣的东西，干自己喜欢的工作。要是那样的话，大多数人都会止步于一些表浅的爱好，比如把听流行歌曲当成学习音乐，把看电影当成学习表演，把贪吃自诩为美食家。很多时候，我们不能，也不应该一厢情愿地仅仅考虑自己是否喜欢的问题。

新东方总裁俞敏洪的经验很有借鉴意义，他说：

我从来没喜欢过英语，当初考英语只是因为数学不行。不喜欢英语是因为我的模仿能力不强。像我的班长王强，能够把任何话都模仿得惟妙惟肖。我普通话练了一年，才练成大家能听懂的样子。我老婆是天津人，跟我一吵架就用天津话骂我，但是我到现在为止只会说一句天津话。就是当她拿起棍子打我的时候，我向她大吼一声，"干吗"（天津味儿）！但是后来我发现英语成了我生命中的工具……在登山的时候，你会在乎登山杖你喜欢不喜欢吗？不会，你只会在乎它能否帮你登上山顶。那么英语就是我的登山杖，尽管我不是特别喜欢，但我知道我要想攀上更高的人生的山峰，就必须依靠这个登山杖……

俞敏洪在北大演讲时还说过："当你从积极的角度来看事情的时候，你的心态是积极的。我的态度是，不管是快乐的事情还是痛苦的事情，都是我们生活中珍贵的礼物，都需要我们用心去珍惜，并用积极的心态去对待，因为这些都是我们在等待时机和追求成功的过程中必然要经历的的一些过程。"

其实我们都有这样的生活体验：有些问题，一经解决，立即云淡风轻，豁然开朗，心情比遇到问题之前还要好，接下来的问题，处理起来也感到事事顺心。只有在问题处理不好，越积越多时，问题才是个问题。这也正是先哲所说的，"烦恼即菩提，菩提即烦恼"，究竟是菩提还是烦恼，取决于当事人自己。

有些问题处理不好，是智力和经验的问题。而有些问题处理不好，则是因为当事人缺乏一种处理问题所必需的良好心态。生活中少不了问题，不管你喜不喜欢，问题已经来了，它绝不会因为你不喜欢便掉头而去。所以，解决问题的第一步就是冷静地看待它，好好和问题谈谈，研究它的来龙去脉。研究透了，问题也就解决了。为什么很多人问题一来就冷静不下来呢？这种人得学会和自己谈谈。不要和问题作对，更不要和自己作对。问题来时，要问问自己，为什么这么爱生气？生气是有助于解决问题，还是会让简单的问题复杂化？这个问题到底有多难解决？解决不了又对我的生活有多大的影响？我自己到底能不能解决？我要不要请个高手来帮忙？等等。回答完这些问题，大多数人都能从理智的边缘走回来，重新看待问题，思考对策。即使有些问题一时，甚至永远也解决不了，但至少我们已经从困境中走了出来。别指望解决掉所有的问题，而这恰恰是很多人遇事时最容易出现的问题。

总之，情绪管理非常重要，每个人都要学会先处理心情，再处理事情。愉快不愉快，全在你自己。工作或许真的枯燥，但没有老师逼你来学习，也没有老板逼你来上班。既然来了，为什么不快乐点？

2. 不开心是因为你计较太多

先来看一个外国故事：

亚历山大大帝是欧洲历史上最伟大的军事天才，也是世界古代史上著名的政治家之一。除此之外，亚历山大还是亚里士多德的弟子，富有智慧，也富有戏剧性。

有一次，亚历山大去一个地方微服私访，他走来走去，最后竟迷了路。这时他看见一家商铺门口站着一个军人，便走上前去问道："朋友，你能告诉我回城的路吗？"

军人叼着一个大烟斗，头一扭，高傲地把身穿便装的亚历山大打量了一番，傲慢地答道："朝右走！"

"谢谢！"亚历山大又问，"请问离××客栈还有多远？"

"一里路。"军人生硬地回答，并瞥了他一眼。

亚历山大抽身道别，刚走几步又停住了，他转回来微笑着说："请原谅，我可以再问你一个问题吗？请问你的军衔是什么？"

军人猛吸了一口烟——"猜嘛。"

亚历山大风趣地说："中尉？"

军人的嘴唇不屑地动了一下，意思是说不止中尉。

"上尉？"

军人摆出一副很了不起的样子说："还要高些。"

"那么，你是少校？"

"是的！"军人高傲地回答完，转过身来，摆出对下级说话的高贵神气，问道："假如你不介意，请问你是什么官？"

亚历山大乐呵呵地回答："你猜！"

"中尉？"

"不是。"

"上尉？"

"也不是！"

军人不由得走近了些，仔细看了看亚历山大，说："那么你也是少校？"

"继续猜！"

军人取下烟斗，用十分尊敬的语气低声询问："那么，你是部长或将军？"

"快猜着了。"

"阁下……阁下……是陆军元帅吗？"军人结结巴巴地说。

"我的少校，再猜一次吧！"

"皇帝陛下！"军人的烟斗一下子从手中掉到了地上，猛地跪在亚历山大面前，忙不迭地喊道："陛下，饶恕我！陛下，饶恕我！"

"饶恕你什么？朋友。"亚历山大笑着说，"你又没有伤害我。我向你问路，你告诉了我，我还应该谢谢你呢！"

这个故事说明了一个什么道理？是宽容吗？是，也不是。生活中，很多人之所以过得不开心，就在于他们过于计较别人对自己的态度。很多人都没有亚历山大那么高的地位，但却比亚历山大还难以伺候。朋友见面，对方晚了半分钟，生气；同事开句玩笑，生气；父母没做最喜欢吃的菜，生气；路人多看他两眼，生气；自己不小心摔了一跤，也要生气——这路怎么没人修修呢？

大千世界，纷纷扰扰，很少有人从来没有生过气，但一个人不能整天活在气恨中。如果一个人总是这也气，那也气，那就不是别人在气他，而是他自己在气自己。

季羡林老先生在文章中写过："现在我们中国人的容忍水平，

看了真让人气短。在公共汽车上，挤挤碰碰是常见的现象。如果碰了或者踩了别人，连忙说一声：'对不起！'就能够化干戈为玉帛。然而有不少人连'对不起'都不会说了，于是就相吵相骂，甚至于扭打，甚至打得头破血流。我们这个伟大的民族怎么竟变成了这个样子！"

国学大师陈寅恪的故事也很有启发意义。有一天，有人问他："人们都叫您陈寅恪（què）先生，然而字典里并没有'què'这个读音，大家叫你时，你为什么不予纠正呢？"陈寅恪笑着反问道："有这个必要吗？"

还有一个故事，说的是很久以前的一个下午，两个小伙子在北京一辆公交车上侃侃而谈："你知道吗，马季出事了，被抓了！""不会吧，昨天电视上还播他的相声呢！""你不知道，那是早录好的！"巧的是，马季当时就在同一辆公交车上，听到有人造自己的谣，他非但没生气，反倒把头往衣领里一缩，一声不吭，到站就下车了。

如果有人诋毁你的名誉，有没有必要出面辟辟谣？如果有人连你的名字都读不对，有没有必要纠正一下？当然有必要，所以我们暂时还成不了大师。

马季和陈寅恪的做法，正应了郑板桥的名言——难得糊涂。这是一种涵养，也是一种境界，还是一种生活智慧。我们不是不让大家计较，但要学会在大事上计较，在主业上计较，在学问上计较，在境界上计较，跟自己计较，卸载生活中的小是非，剪除过度发达的神经。

即使是做学问，有时候也不能计较，且看下面的例子：

汉字中有两个很有意思的字：射和矮。很多学者认为，这两个字其实是从一开始就叫错了，但时间长了，人们也就习以为常，以错为对了。

比如射，左边一个"身"，一般来说是身体的意思，右边一个"寸"，一般来说是尺寸的意思，如果一个人的身体只有一寸高，不是"矮"是什么？《水浒传》中的武大郎绰号"三寸丁谷树皮"，说的就是他不仅矮（三寸），而且皮肤粗糙得像树皮。

我们再来看"矮"，左边一个"矢"，谁都知道，这在古代代表箭，而右边的"委"则有"任""派"的意思，想想看，一个人把箭派出去，不是"射"是什么？

上面的例子当不得真，但它至少有点儿歪理。战国时期的名家学派代表惠施也曾提出过一个类似的理论——"犬可以为羊"，按照一般人的想法，狗就是狗，羊就是羊，生活又不是《封神演义》，狗怎么可以突然变成一只羊呢？实际上"狗"也好，"羊"也罢，还有"牛马驴骡鸡狗鸭"，它们都是我们人类为了生活方便给它们起的名字。这就好比一个人出生时父母给他取名叫"狗剩子"他一辈子都是"狗剩子"一样，如果人类一开始就把"狗"叫作"羊"，那么今天看门的就是"羊"，吃草的就是"狗"了。执着于一个事物的名字，就会忽略它的本质。计较在细枝末节，也会忽略事物的根本。

一句话，成大事者不拘小节，做人要拿得起放得下。只要你心胸足够豁达，人间就没有什么事情能令你沮丧。当然，很多事情都是说来容易做来难，这件事尤其如此。不经过一番灵魂的洗礼和斗争，一个久食人间烟火的凡人，往往很难看开。很多人都说自己看破了红尘，不过是自欺罢了。他们与其说是看开，还不如说是得过且过。真正的看开，是以对生活的无限热爱来融解世间的诸多失意。恰如罗曼·罗兰所说的："真正的勇敢，是在看透生活的本质后，依然热爱生活。"

第二十三份礼物：人生规划

1. 没计划的人一定会被计划掉

在北大，有一个故事众所周知：

1911 年冬，欧洲人组织了两支极地探险队，分别是挪威人阿蒙森率领的探险队与英国人斯科特率领的探险队，两位队长都想成为第一个到达南极的人。

阿蒙森有着丰富的探险经验，并且非常用心地制订了探险计划。他研究了爱斯基摩人和其他经验丰富的北极探险者的方法，最终决定采用狗拉雪橇的方式来运输探险设备和必要物资。在挑选队员时，他选择的都是滑雪能手和能训练狗的人。他把握每一处细节，最重要的一点则是，他在预定路线的沿途都设立了补给站，把物资分开储存，而不必始终把所有物资都带在身边。他还给每个队员都配上最好的装备，不惜代价。最终，他以极小的代价达成了目标，他本人成为历史上首位抵达南极点的人。在严酷的旅行中，他们碰到的最严重的问题，是有一个队员的牙齿不小心感染了，不得不拔掉一颗牙。

斯科特率领的英国队就没那么好运了。他同样经验丰富，并且是一位英国海军军官，之前也在南极做过考察。但他的探险恰好与阿蒙森形成鲜明对比。他舍弃狗拉雪橇，选择了带发动机的雪橇和矮种马运输物资。结果没几天，电动机就停止运转，而他们的麻烦才刚刚开始。矮种马也不适应极寒天气，他们纠结了几天，才不得不把所有的马都杀掉，然后由队员自己拉着重达 90 千克的雪橇前进。同时，他们又遇上了暴风雪，旅行变得更加艰难。为了率先抵达南极点，为国争光，斯科特又做出错误的决定，只带 4 位同伴前行。雪上加霜的是，其中一人是斯科特在最后关头才决定带上的，所以他只准备了包括他在内 4 个人的物资。他们的服装设计也很不合理，以至于所有人都冻伤了。由于准备的护目镜不合适，大家都得了雪盲症。斯科特也设立了补给站，但储存的物资不足，彼此距离又太远，而且往往没有明显标志，所以很难找到。由于能化雪的燃料总是不够，每个人都开始脱水……

1912 年 1 月 17 日，当他们筋疲力尽，终于抵达南极点时，欢迎他们的是一面迎风飘扬的挪威国旗，还有阿蒙森留下的一封信：他们于 1911 年 12 月 14 日抵达这里，进行了一番科学考察，然后顺利返航！

最悲哀的是，在回程中，斯科特人为制造了一个更大的麻烦。他们的身体越来越差，食物越来越少，斯科特却坚持要收集 13.5 千克的地质标本带回大本营，这加重了回程的艰难程度，团队的行进速度越来越慢。最终，他们都冻死在离大本营 200 多千米远的地方。

我们能在这里讲这个故事，在于斯科特虽然没能活着走回基地，但他有记日志的好习惯，在生命的最后几个小时，他还更新了日志。1913 年，人们在他的遗体旁发现了这本日志。其中有几句话是："我们会像绅士一样死去。我想这也说明我们的民族并没有失去勇气和毅力。"有谁会质疑他的勇气与毅力吗？没有，有的只是佩服。但他无疑是个缺乏领导力的队长。由于未能遵循导航法则，他和同伴们付出了生命的代价。

所谓导航法则，简单来说就是一句话：谁都可以掌舵，但不是谁都可以设定航线。

我们的人生，也是一场探险，充满急流与暗礁，也有必要设定一条正确的航线。

所谓设定航线，简单来说就是制订计划。"计划"是个合成词，"计"的表意是计算与分析，"划"的表意是分割与分解，结合起来讲，计划就是分析、计算如何达成目标，并将目标分解成子目标的过程及结论。

计划的种类很多，可以根据计划的重要性、时间界限、明确性和抽象性等进一步分类，比如短期计划、长期计划、战略计划、作业计划和人生计划，等等。

在前面，我们讲过富兰克林自学成长的故事，这里再介绍一下他为创造杰出成就而制订的人生计划——"富兰克林金字塔"。早在 20 岁时，他就计划好了自己的一生，他的整个人生基本上也都在遵循着这一计划。从整体上看，"富兰克林金字塔"是这样的：

1. 奠定金字塔的基底。基底也就是地基，对应到人，就是人生的根本意义。可以说，就是"你来到这世上有什么任务"这个问题的答案。你想在人生中得到什么？百年之后你想在历史中留下怎样的印迹？据说，这个无比重要的问题，只有不到 1% 的地球人认真思索过。换句话说，这个问题在引导着少部分精英向着自己的梦想前进，包括富兰克林，也包括爱因斯坦。后者曾经说过："当我还是少年时，就已明白多数人的努力与追求毫无价值"。

2. 在上述基础上，设定一个总体目标。它包括：一生中想成为怎样的人？计划达到什么样的目标？等等。你想成为一个衣食无忧的人，或者成为一个慈善家，都可以，从制订计划的角度看，只要你有就可以，好坏都在其次，就怕你漫无目的，随波逐流。

3. 拟订并实现目标的总规划，也就是达到总体目标过程中的中间阶段的具体定位。再说简单点，它是对未来整体性、长期性、基本性问题的思考、考量和设计。

4. 确立三五年内的计划，也就是长期计划。这一阶段重要的是要规定完成计划的具体期限。长期计划亦称战略计划或远景计划，三年五年、十年八年都可以，具体到小一点儿的企业或组织，以及个人，还可以具体调整。重点不是时间的长短，而是通过确立一个人或一个组织在较长时期内的发展方向和方针，更好地实现整体计划与战略目标。

5. 先计划每个月做的事，然后具体到每个星期——这就是短期计划。对短期计划考虑得越周密、对计划进行分析并修正的频率越高，这个计划的实践越有效率。

6. 日计划，也就是为实现目标制订的落实到每天的计划。

2. 天下大事，必作于细

北大历史系教授柯伟林在课堂上讲过两个小故事，它们都与宋神宗有关：

有一次，宋神宗到后花园里散步时，遇到一个小太监，小太监正在放牧公猪。神宗很好奇，便问小太监，在宫里养公猪干什么？小太监说："这是太祖的命令，我并不知道原因。"神宗也没多想，就下令此后宫中不许再养猪。但一个月后的一天，宫里突然抓获了一个所谓的"妖人"，禁卫军按照惯例，向太监索要猪血浇"妖人"的头，但仓促之间根本找不到。宋神宗这才领悟到：即使是养一只小公猪，也是太祖的深谋远虑。

还有一次，负责管理兵工厂的官员向宋神宗上奏，说由于兵工厂内的门巷弯弯曲曲、狭窄逼仄，工人们进进出出，很不方便，希望皇上允许改建一下，把门巷修直、拓宽，不仅便于通行，还能提高生产效率。对于先人为什么要把门巷修成这样，神宗百思不得其解，但受前不久的"小公猪事件"影响，他认为，门巷乃太祖所创，必有远虑，因此不准改建。结果后来，很多兵工厂内的工人因为工作辛苦，不堪忍受，竟一起拿起武器，想夺门而出，造反起事，但由于门巷过于狭窄，大家你挤我，我挤你，谁也挤不过去，最后被门口唯一一个老兵全部擒获！神宗这才恍然大悟：原来是为了设险固守！

柯伟林为什么要讲这两个小故事呢？因为它们牵涉著名的熙宁变法，即王安石变法。相对于上面两个小故事，宋神宗主导的熙宁变法就显得过于草率，也过于急于求成。而到后期，他的态度又显得过于摇摆。加之他任命的改革派主力王安石"个性刚愎、不通人情"，在关键时刻不懂得通融和包容，新法运行起来势必会事事掣肘，最终夭折。

历史上失败的变法不止"熙宁"一例，历史上同样不乏成功的变法案例，比如先秦时期的齐管仲变法、楚吴起变法、魏李悝变法、秦商鞅变法、韩申不害变法，南北朝时期的北魏孝文帝变法、明朝张居正变法，等等。但最为后人激赏的，还是战国时期赵武灵王的变法。之所以如此，并不在于赵国通过那场变法最终成为战国七雄之一，而在于赵武灵王在变法之前做足了功课，从而使得极有可能酿成政治风雨的变法运动变得温情脉脉。

当初，赵武灵王命令国人"胡服骑射"时，不仅老百姓不愿意穿胡服，连其叔叔公子成也持不合作态度，称病不来上朝。赵武灵王派人前去说服他："古人云：家事听从父母，国政服从国君。现在我要人民改穿胡服，而叔父您不穿，我担心天下人会议论我徇私情。治理国家，要以有利于人民为根本；处理政事，要以施行政令为重；宣传道德，要先让百姓议论明白；而推行法令，必须从贵族近臣做起。所以我希望能借助叔父您的榜样的力量来完成改穿胡服的功业。"

北大给青少年的珍贵礼物／

公子成说："我也曾听说，我们中原是在圣贤之人的教化下，采用礼乐仪制，令远方的国家前来游观、学习效法的地方。现在君王您舍此不顾，还要去仿效外族，这是违背人心的举动，我希望您慎重考虑。"使者回报后，赵武灵王又亲自登门解释说："我国东有齐国、中山；北有燕国、东胡；西有楼烦、秦、韩。如今不令百姓吸收胡人的优点，骑马射箭，凭什么守住江山？先前弱小的中山国依仗齐国的强兵，都能侵犯我领土，掠夺我人民，又引水灌鄗城，如果不是老天保佑，鄗城就失守了。此事连先王都深以为耻，所以我下决心改穿胡服，学习骑射，以此抵御四面的灾难，一报中山国之仇。而叔父您一味依循中原旧俗，厌恶改变服装，忘记了鄗城的奇耻大辱，我对您深感失望啊！"公子成幡然醒悟，第二天便穿着赵武灵王赐给他的胡服入朝，赵武灵王借机正式下达改穿胡服的法令，变法得以顺利开始。

应该承认，赵武灵王没流一滴血便变法成功，在很大程度上得益于他既是最高权力者，又是变法主导人，而且这个主导人当时的政治地位非常稳固。将他与历朝历代那些变法的成功者或失败者相比较都没有实际意义，但老子说，"天下大事，必作于细；天下难事，必做于易"，如果我们在生活中遇到类似的事情时，都能像赵武灵王一样，尽最大可能，把该做的功课做足、做好、做透，再去执行计划与规划，即便最终的结果不是皆大欢喜，相信也能在一定程度上避免矛盾激化，减少不必要的悲剧。

古人说，"不谋万世者，不足谋一时；不谋全局者，不足谋一隅"，又说"工欲善其事，必先利器"，强调的都是准备工作。有人总是瞧不起知识分子，说什么读书无用，不可否认，哪里都不乏书呆子，但同样不可否认，当一个人确实当得起"知识分子"之名时，他不仅拥有较常人更多的知识，也会形成他自己的思维模式与行事方式。通常情况下，他们都能避免那些不科学、不合理的妄念与盲动。反之，则容易陷入"走一步、看一步"的短视思路，成也，败也街头智慧。

什么叫街头智慧？它是相对于创业精神而言的。如果说街头智慧是在大街上摆摊谋生，创业精神就是在写字楼里综合应用复杂的知识与技能谋划未来。许多人，包括北大学子，走出校园、迈入社会时，都会有自己创业的念头。这当然是好事，能够创业成功就更好，但创业并不是一件简单的事，我工作 20 多年，见过的老板很多，但不发愁的老板还没见过几个。我并不是在吓你，只是说，创业也好，当老板也好，事先都要做好充分准备，包括心理上的准备，也包括身体上的准备，还包括计划上的准备，物质上的准备，人员上的准备，等等。起码，你要有一个详细的规划，把创业之前需要做的事情，以及创业过程中需要注意的事项等，用文字的形式梳理一遍，把自己的创业条件结合当下的创业形势，做出客观、清楚的认识，然后再根据计划，一步步地实施、兑现。

第二十四份礼物：富而好礼

1. 见利思义，富而好礼

近年来，国学大热，传统文化复兴，到处都是读经典、讲经典的人。那么多的经典，先从哪一本读起呢？

据说，早先重视传统文化的家长们，在教孩子学习儒家经典时，首先教孩子读《孟子》，而不是很多人认为的《论语》。究其原因，大概是觉得孔子尽管很少谈到利（子罕言利），但多少还是谈利的；而孟子，则是压根不谈利（何必曰利）——不谈利的人，似乎总比谈利的人境界高些，这是国人简单却一贯的"观人学"。

在古代西方，关于"义利之辩"，也不是没有，而且说实话，西人相较于我们，谈得还更彻底些。比如古代雅典有一位名叫格劳孔的哲学家，他是同时代的大哲学家柏拉图的堂弟，与柏拉图的老师苏格拉底也是相识，在柏拉图的著作《理想国》中，格劳孔谈及，世上存在三种善（姑且把它当作中国人的"义"来理解）：其一，仅为其自身的善；其二，为其自身也为其结果的善；其三，仅为其结果的善。格劳孔问苏格拉底：你以为正义属于哪一种善？苏格拉底答"第二种"。格劳孔说，你说得对，但一般人却不是这么想的。他们做正义的事是因为那样会给他们带来利益。而正义本身，他们是害怕并回避的。因为正义恰恰是出于各种自身利益考虑的人协商而来的。换言之，如果人不遵循正义且不被惩罚，那么所有人都会做不义之事，为自己谋利。那些正义者，也往往是因为行正义能给他们带来好名声，而好名声又能带来利益，而且好名声本身就是一种利益。当时格劳孔的弟弟阿德曼托斯也在场，他进一步指出：一般家长教育他们的孩子要正义，不是为了正义本身，而是为了正义会带来好名声，以及由此而来的种种好处。阿德曼托斯甚至表示，从古至今，没有任何一个人不是从名声、荣誉、利禄等实在好处方面来行正义、歌颂正义或谴责不正义的。最后，兄弟俩请苏格拉底为他们论证一下："正义本身是什么？"结果苏格拉底表示：无能为力。

苏格拉底表示自己无能为力，体现了他一贯的诚实与谦虚，同时也从侧面说明，格劳孔提出的实在是个棘手的问题。或者说，这个问题不是不能回答，而是不好回答——因为它等于是让人承认世上没有绝对的正义。换作我们的话，就是没有纯粹的"义"，即所有人行"义"，说到底，还是为了"利"。而在以往，谈"利"又一向被社会文化所鄙夷。

无可否认，社会离不开"义"的支撑。"义"，是社会得以维持正常运转的基本力量，也是"利"的保障。但是，倘若就此认定人们不应谈"利"，不能谈"利"，那就未免太自欺欺人了些。

前面讲，孔子"罕言利"，孟子"不曰利"，其实这是一种相对的说法。孔子、孟子也是人，是人就离不开"利"。这一点，李敖先生在北大演讲时，曾经有过一段经典论述："你可以说你不在乎，你不要钱，不谈利，你像颜回一样，一箪食，一瓢饮，在陋巷，人不堪其忧，回也不改其乐。可颜回32岁就穷死了。为什么？没钱。还有，如果颜回结了婚，他儿子得了盲肠炎，需要开刀，他要不要求爷爷告奶奶，双膝下跪？他会的……我们中国的知识分子都不谈利，都看不起钱，看不起经济的力量。但是我们往往忽略了一点：富贵也不是什么见不得人的事……"

富贵不是什么见不得人的事——这话其实也是孔子的心声。子曰："富而可求也，虽执鞭之士，吾亦为之；如不可求，从吾所好。"意思就是说，如果能够光明正大地发家致富，哪怕让我去当车夫，我也干；如果发不了财，那我还是干点自己喜欢的事儿吧！可见，孔子反对的只是不合道义的富贵，而不是反对财富本身。

2011年6月，北大企业家俱乐部成立，在会上，时任北大校长周其凤用一条数据阐释了一个事实：最近 11 年来，北大校友中诞生了 79 位亿万富豪，位居全国高校之首。结果这番表述让周校长再次成为舆论的焦点。对此，周校长回应道："在企业家俱乐部上，当然要对企业家说点儿鼓励的话，北大的确培养了很多企业家，这也是我们的成绩，难道非得出穷光蛋才叫成功？现在别人骂我，我也依然觉得很骄傲。""说到亿万富翁，好像就意味着北大学问就不好，其实北大学问做得也很不错。有人说北大文科强，那我就不说文科，说理工科，国际上最高水平的 6 个学术刊物，包括《自然》《科学》《细胞》《美国化学会志》等刊物，北大在前 100 年总共发表了 20 多篇文章，其中只有十几篇北大人是第一作者，而去年一年，就发表了 270 多篇，其中一半以上第一作者都是北大人。"

财富与学术不对立，"利"与"义"很多时候也不需要截然对立。子贡曾经问过孔子："贫而无谄，富而无骄，何如？"意思是说，有的人虽然没钱，但他不巴结、奉承有钱人，有的人虽然有钱，但他不鄙视、欺侮穷人，这些人怎么样？孔子说："可也。未若贫而乐，富而好礼者也。"意思是说，也算可以了，不过他们不如那些虽然贫穷却积极乐观，虽然富裕却谦虚好礼的人。我们知道，"礼"在孔子那里是个宽泛的概念，所以不能把它简单地看作"有礼貌、谦虚"，用今天的话说，作为富人，你不仅要谦虚谨慎，遵纪守法，修身养性，还要懂得感恩、分享和回馈。

当然，不是富翁，也不影响大家富而好礼。这里的"富"，主要指精神富足。能给予就不贫穷，北大人深知这个道理。早在 1993年，北大师生们就自发成立了北大爱心社。爱心社的首任名誉会长是德高望重的季羡林先生，管理顾问是名重天下的厉以宁教授，濮存昕、鲁健、刘璇、桑兰等名人担任名誉顾问，注册会员超过千人，遍布北大各个院系及北大附小等单位，设有儿童部、助残部、校园部、护老部、外联部、组织部、宣传部、秘书处、资助部、手语分社和万里行项目组等。28 年来，爱心社大大小小的爱心举措数不胜数，得到了社会各界知名人士的大力支持，为北大赢得了荣誉，也发挥了重要的社会示范作用。

2. 小胜凭智，大胜靠德

北大民营经济研究院顾问姜岚昕先生讲过这样一个案例：

十几年前，郑州车月文化公司总经理杨缮铭先生，有一次和深圳的一家公司谈合作，准备向对方订购一批图书。由于一些问题，双方谈了很长一段时间，进展缓慢，困难重重。好在双方最终达成一致，决定合作。于是，杨总在非常忙碌的情况下，为了表示合作的诚意，抽出时间，亲自带着二十多万元的货款坐火车去深圳签合同。他坐了二十几个小时的火车，到达深圳，当时已经非常疲倦了，但他仍强打起精神，带着行李去与合作方见面。

然而，对方见到杨总只说了一句话，这句话就像一盆凉水，立刻让杨总做出决定：就算对方开出再优惠的条件，也绝不与对方合作了。

杨总说："当我和他们见面的那一刻，他不是问候我一路是否休息得好，一路是否顺利，有没有吃早餐，甚至连任何一句问候的话都没有，开口第一句话就问我'钱有没有带来'。当我听到这话时，就如同在喉咙里塞了一团棉花，在心里塞了一块冰一样难受。那一刻，我就在心里发誓绝对再不和对方合作了！"

古人云，"世事洞明皆学问，人情练达即文章"，上面这位"对方"显然不懂这个基本道理。何为"人情练达"？简单来说就是懂事理，通晓人情世故。以往，人们往往把"人情练达"与做人做事圆滑相联系，其实不然，"人情练达"必须得以"人情"为基础，讲人情的人，处事容易，人缘好，路子宽，有时甚至能一呼百应，无论顺境逆境，都不至于太失败。而故事中这种除了钱之外六亲不认的人，其道路只能是越走越窄，越走越坎坷。

人们普遍认为，中国人过于讲人情，中国社会就是人情社会，等等。其实世界各民族都讲人情，这是人的社会属性决定的。美国钢铁大王卡耐基就说过："如果你拥有某种权利，那不算什么；如果你拥有一颗富于同情的心，那你就会获得许多权利所无法获得的人心。"人心是什么？人心即一切！得人心者得天下嘛！人心都是肉长的。你关心别人，别人自然会关心你。你帮别人，别人自然会帮你。如果身边的所有人都能关心你、帮助你，这世上还有什么事情不能办成？

"小胜凭智，大胜靠德。"这是牛根生的名言，也是他的亲身经历。

1978年，20岁的牛根生接父亲的班，成为内蒙古呼和浩特大黑河牛奶厂一名普通工人，从洗奶瓶干起，历经5年时间，一路被提拔为伊利集团厂长，之后又升任副总裁。1998年，牛根生40岁时，被免去一切职务，并被告知：不得再从事与乳品行业有关的任何工作。

负责传话的高管还说："你得离开呼和浩特两年，公司安排你到北京大学学习。"被扫地出门的牛根生，整天骑着一辆破自行车，穿梭于北大各个教室之间。望着身边那些风华正茂，甚至略显稚气的"同学"，40岁的老牛内心非常难受。"我必须首先化解掉内心的委屈和痛楚，方才可能静下心来融入陌生的校园环境当中去。"牛根生在心里如此告诫自己。在北大进修的过程，他利用这段时间重新审视了自己在伊利16年的各种经验和教训，让原本在企业中形成的应激反应模式转换成理性的思维模式。

与此同时，他得知自己的老部下们也被"处理"了。几十个得力干将离开伊利后，先后到北大找牛根生诉苦。牛根生说："咱们干脆注册一家公司，从头再来！"1999 年，在"一无工厂，二无奶源，三无市场"的困境下，牛根生秘密地创办了蒙牛公司。但世上没有不透风的墙，听到老牛注册了蒙牛，马上又有三四百伊利高管纷纷弃大就小，投奔牛根生。牛根生告诫他们："你们不要弃明投暗，我自己都没有把握。"可大家就是要跟着他一块干。这些老部下，或者变卖自己的股份，或者向亲戚借贷，有的甚至把自己将来的养老钱也拿了出来。在大家的努力下，蒙牛的资本金由注册时的 100 多万变成了 1300 万，蒙牛终于有了第一把草料。

牛根生为什么这么牛？因为他值得追随。

在伊利时，一个普通工人得了重病，牛根生第一个捐款，一下子就是 1 万元。通勤车司机有事不能正常上班，他代替司机开车。结果一天下来，一个不认识他的工人逢人便说："新来的胖司机真好，让他停哪儿就停哪儿。"有一次，由于业绩突出，公司奖给牛根生一笔钱，让他买辆好车，他却把钱分开，买了 4 辆面包车，分给了自己的部下。一年 100 多万的年薪，他也把大部分都分给了跟随自己的员工。后来牛根生被开了，人走了，也把老部下的心都带走了。

后来，牛根生回到北大演讲时总结道："经营人心就是经营事业。假设你对所有的人好，所有的人就是你的朋友。母子关系、父子关系为什么能称其为母子关系、父子关系呢？因为感情投到那儿，感情投到儿子身上，投到女儿身上，因为确实是亲的，你亲她，他肯定亲你。因此感情的培养和投入是非常必要的。我们要非常善意地对待我们周边的人，包括我们企业的人，包括社会上的人，只要有投入，肯定有产出。种瓜得瓜，种豆得豆，道理很简单，但怎么强调都不为过。"